高等职业教育“十四五”规划教材

动物生理

第2版

曲　强　主编

中国农业大学出版社
·北京·

内容简介

本教材以学习任务的形式将动物生理基本知识划分为10部分，包括细胞、血液、循环、呼吸、消化与吸收、泌尿、体温、神经、内分泌和生殖与泌乳内容，并附有实训指导。本教材按照职业教育教学改革的要求，从生产和教学实际出发，本着科学性、先进性、适用性原则进行编写。每章前面设有学习目标，在正文中适当穿插了知识链接栏目。全书语言简练，条理清晰，图文并茂，通俗易懂，适合学生学习。

本教材可供高职高专畜牧兽医类及相关专业学生使用，也可作为成人教育教材。

图书在版编目(CIP)数据

动物生理/曲强主编. —2版. —北京：中国农业大学出版社，2016.9(2022.5重印)
ISBN 978-7-5655-1703-7

Ⅰ.①动…　Ⅱ.①曲…　Ⅲ.①动物学-生理学-教材　Ⅳ.①Q4

中国版本图书馆CIP数据核字(2016)第217807号

书　名　动物生理　第2版
作　者　曲　强　主编

策划编辑　康昊婷　　**责任编辑**　田树君
封面设计　李尘工作室　郑　川　　**责任校对**　王晓凤
出版发行　中国农业大学出版社
社　址　北京市海淀区圆明园西路2号　　**邮政编码**　100193
电　话　发行部 010-62818525，8625　　读者服务部 010-62732336
编辑部 010-62732617，2618　　出　版　部 010-62733440
网　址　http://www.cau.edu.cn/caup　　**E-mail** cbsszs @ cau.edu.cn
经　销　新华书店
印　刷　北京时代华都印刷有限公司
版　次　2016年9月第2版　2022年5月第4次印刷
规　格　787×1 092　16开本　11.75印张　290千字
定　价　31.00元

图书如有质量问题本社发行部负责调换

编写人员
CONTRIBUTORS

主　编　曲　强

副主编　王　军　樊　平　丁玉玲　罗永华　刘会娟

编　者（按姓氏拼音排序）

丁玉玲（黑龙江职业学院）
樊　平（南充职业技术学院）
刘会娟（辽宁农业职业技术学院）
罗永华（沧州职业技术学院）
彭永帅（河南牧业经济学院）
瞿建萍（辽宁农业职业技术学院）
曲　强（辽宁农业职业技术学院）
宋臣锋（沧州职业技术学院）
万　玲（辽宁农业职业技术学院）
王　军（河南牧业经济学院）
薛琳琳（黑龙江职业学院）
颜邦斌（南充职业技术学院）

前言
PREFACE

本书是在第 1 版《动物生理》教材的基础上修订而成的。

本次修订主要遵循以下原则：

1. 强化中等职业院校与高等职业院校教材内容的衔接

认真学习和领会《国家中长期教育改革和发展规划纲要(2010—2020 年)》和《教育部关于推进中等和高等职业教育协调发展的指导意见》精神，结合中职院校人才培养方案中课程内容设置情况，对原书内容进行调整，保持中高职教材内容的有效衔接，一方面，对部分内容进行删减，避免不必要的重复；另一方面，对重要内容进行更加详细的阐述，突出教材的核心所在。

2. 引入新技术、新方法和新工艺

引入动物生理研究的新技术、新方法，借助相关仪器(如血液分析仪、Pc-lab 生物信息采集系统等)获取动物生理数据信息，参考近年来有关学术研究成果和行业企业的最新实用技术，提高教材内容科学性、先进性、前瞻性。

3. 强化本教材与后续课程和生产实践的衔接

动物生理课程的任务是为后续课程提供基本的理论与技能支撑，进而为畜牧生产服务。因此，在编制内容时，要通过恰当形式，把动物生理的基本知识技能与后续课程和生产实践的内容紧密联系起来，针对岗位能力要求设计内容，强化教材的针对性、实用性。

4. 创新编写形式

教材主要供高职高专学生使用，充分考虑高职学生的认知规律和心理特点，精简文字叙述，增加有代表性的图片和图表；以学习任务和知识点形式展示学习内容，适当穿插知识链接等栏目，在书后设置专项实训、问题思考等项目。全书做到内容简洁，通俗易懂，形式新颖，趣味性强。

在本书编写过程中，一些院校教师及读者提出了很多宝贵的意见和建议，特别是南充职业技术学院等院校的师生们，他们在使用第 1 版教材时，对教材进行了全面、中肯的评价，为本次修订工作提供了极大的帮助，在此一并表示感谢。

由于编者水平有限，虽然对书稿进行多次修订，也难免存在不当甚至错误之处，恳请专家及读者批评指正。

编　者

2016 年 3 月

目录 CONTENTS

Project 1

认知细胞的基本功能

学习目标

理解细胞膜的物质转运功能及意义；
理解细胞的兴奋性与生物电现象；
了解细胞的生命活动规律。

细胞是动物机体形态结构、生理功能和遗传发育的基本单位。动物机体所有的生理功能和生化反应都是在细胞及其产物的物质基础上进行的。单个细胞具有新陈代谢、生长发育、繁殖、遗传和变异等全部生命过程，但不能单独实现多细胞机体的完整生命过程。

知识点一　细胞膜的物质转运功能

一切动物细胞都被一层薄膜所包被，称为细胞膜或质膜。它把细胞内容物和内环境分隔开来，完整而又相对独立，可防止胞液流失、保持细胞内稳定，完成细胞内外的物质转运。

新陈代谢过程中进出细胞的物质种类繁多，理化性质各异，且大多数物质不溶于脂质或水溶性大于其脂溶性。而由于细胞膜主要是由液态的脂质分子构成的，因此，除极少数脂溶性小分子物质能直接通过细胞膜进出细胞外，大多数物质跨膜转运与膜蛋白质有关，至于一些团块性固态或液态物质的进出细胞（吞噬、分泌），则与膜的更复杂的生物学过程有关。

细胞膜的物质转运方式包括单纯扩散、易化扩散、主动转运、入胞与出胞等。

一、单纯扩散

单纯扩散，也叫简单扩散，是指脂溶性物质由细胞膜高浓度一侧向低浓度一侧扩散的现象。

单纯扩散的基本原理是分子的热运动（布朗运动），根据物理学原理，溶液中一切分子都处于不断的热运动之中，分子的运动动能与温度成正比。当温度恒定时，分子因运动而离开某一区域的量，与此物质在该区的浓度成正比。因此，如设想两种不同浓度的溶液相邻地放在一起，则高浓度区域中的溶质分子将向低浓度区域发生净移动，这种现象称为扩散。物质分子移动量的多少可以用扩散通量来表示，即某种物质每秒钟通过每平方厘米假想平面的摩尔数或毫摩尔数。一般条件下，扩散通量的大小与膜两侧的浓度差成正比，即浓度差越大，扩散通量越大。此外，由于细胞膜主要由脂质分子构成，物质扩散通量的大小除与膜两侧浓度差有关外，还与细胞膜对该种物质的通透性有关，通透性越大，则扩散通量越大。

在机体的体液中存在的脂溶性物质并不很多，因而靠单纯扩散方式进出细胞膜的物质相对较少。比较肯定的是氧气、二氧化碳等气体分子，它们能溶于水，也溶于脂质，可以顺浓度差自由进出细胞膜。此外，体内一些甾体（类固醇）激素也是脂溶性的，理论上也可以靠单纯扩散进入细胞内，但由于分子质量较大，近来认为也需膜上某种特殊蛋白质的“协助”，才能使转运过程加快。

单纯扩散的特点是：①不消耗能量；②顺浓度梯度转运。

二、易化扩散

易化扩散，也叫帮助扩散，是指物质分子依靠细胞膜上一些特殊蛋白质分子的“帮助”，由细胞膜高浓度一侧向低浓度一侧扩散的现象。

根据参与易化扩散的膜蛋白的不同，易化扩散可分为两类：

1. 由载体介导的易化扩散

细胞膜上某些蛋白质具有载体功能，即能与某些物质结合，并引起蛋白质变构，将物质从细胞膜高浓度一侧运到低浓度一侧，再与物质分离。体内的葡萄糖、氨基酸等营养物质多是由特定载体"帮助"而通过细胞膜的。

由载体介导的易化扩散具有以下特点：

(1)特异性　一般某种载体蛋白质的结合位点只能选择性地与具有某种特定化学结构的物质结合，因而，体内多数物质都有自己专用载体进行易化扩散。

(2)饱和性　当膜两侧物质浓度差达到一定程度后，物质扩散的量不再随浓度差增加而增大，这是由于膜上某种载体及其结合位点的数量是有限的，当物质的量超过膜上某种载体及其结合位点的数量时，即使物质再多，扩散通量也不会再增加。

(3)竞争性抑制　如果某种载体可以运输 A、B 两种物质时，则二者存在竞争现象，即当 A 物质增多时，B 物质的扩散就减少；当 B 物质增多时，A 物质的扩散就减少。这同样是由于载体数量是有限的，运输 A 增加时，运输 B 的量必然减少，反之亦然。

2. 由通道介导的易化扩散

即由细胞膜上的通道蛋白帮助完成的易化扩散。通道蛋白像一个贯穿细胞膜并带有闸门装置的管道。当通道开放时，物质顺浓度差或电位差经通道转运，通道关闭时，即使膜两侧存在浓度差或电位差，物质也不能通过。各种离子如 Na^+、K^+、Ca^{2+} 等主要是通过这种方式进行转运的。通道蛋白开放或关闭受通道闸门控制，根据控制通道开放机制的不同，将通道蛋白分为电压门控通道（膜两侧电位差变化控制闸门开关）、化学门控通道（某种化学物质控制闸门开关）、机械门控通道（机械刺激引起闸门开关）等。

易化扩散的特点是：①不需要消耗能量；②顺浓度梯度转运；③需要膜蛋白参与。

由于单纯扩散和易化扩散都是将物质分子从细胞膜高浓度一侧运到低浓度一侧，转运过程不需要细胞消耗能量，因此均属于被动转运。

三、主动转运

主动转运是指细胞通过本身的某种耗能过程将某种物质分子由细胞膜低浓度一侧向高浓度一侧转运的现象。

主动转运分为原发性主动转运和继发性主动转运，一般所说的主动转运是指原发性主动转运。

1. 原发性主动转运

细胞通过本身的某种耗能过程将某种物质从细胞膜低浓度一侧向高浓度一侧转运的过程称为原发性主动转运。它是通过某种生物泵把物质从低浓度一侧"泵"到高浓度一侧，就像水泵把水从低处泵到高处一样，必须提供能量。目前研究最充分、分布最广泛、作用最重要的生物泵是 Na^+-K^+ 泵，即钠泵。

钠泵是镶嵌在细胞膜上的一种特殊蛋白质分子，它具有 ATP 酶活性，当细胞内 Na^+ 浓度升高或细胞外 K^+ 浓度升高时被激活，使 ATP 分解为 ADP，放出能量，并利用此能量进行 Na^+、K^+ 转运。1 分子 ATP 分解释放的能量可以将 3 个 Na^+ 运到细胞外，而将 2 个 K^+ 运到细胞内，故钠泵也称为 Na^+-K^+ 依赖式 ATP 酶。钠泵活动具有重要的生理意义，它能维持细胞内外 Na^+、K^+ 浓度差，形成细胞外高 Na^+ 细胞内高 K^+ 的不均衡分布，而这正是细胞生物电产生的基础。

2. 继发性主动转运

有些物质在进行逆浓度跨膜转运时，所需的能量并不直接由ATP分解供能，而是先由钠泵利用ATP分解供给的能量造成Na^+在膜两侧的浓度差，在膜上一种称为转运体的蛋白质帮助下，将Na^+顺浓度差进行转运，同时将其他物质逆浓度差进行转运。这种间接利用ATP能量的主动转运过程称为继发性主动转运或联合转运。葡萄糖和氨基酸在小肠黏膜上皮处的吸收以及它们在肾小管上皮处的重吸收等生理过程，均属于继发性主动转运。

如果被转运的离子或分子都向同一方向运动，称为同向转运，相应的转运体也称为同向转运体；如果被转运的离子或分子彼此向相反方向运动，称为反向转运或交换，相应的转运体也称为反向转运体或交换体。

主动转运特点是：①需要消耗能量；②逆浓度梯度转运；③需要膜蛋白参与（钠泵、钙泵等）。

四、入胞与出胞

对于大分子物质或团块不能直接通过上述方式通过细胞膜，而是通过细胞膜复杂的活动而进出细胞的。

1. 入胞

大分子物质或团块进入细胞内的过程称为入胞。如蛋白质、细菌、病毒、异物等进入细胞时都采用这种方式。入胞的过程首先是这些物质被细胞识别并相互接触，之后细胞膜逐渐向内凹陷包住异物等，最后与细胞膜断裂，使物质连同包裹它的细胞膜一起进入细胞内，形成吞噬小泡。入胞包括两种方式：如果进入细胞的物质是固体，称为吞噬；如果进入细胞的物质是液体，称为吞饮。

2. 出胞

大分子物质或团块排出细胞的过程称为出胞。如内分泌腺细胞分泌激素、外分泌腺细胞分泌酶原、神经末梢释放递质等。大分子物质在细胞内形成后，通常被一层膜性结构所包被，形成分泌囊泡，当分泌活动开始时，囊泡向细胞膜移动、接触，使囊泡膜与细胞膜融合，进而在融合处向外破裂，将囊泡内的物质一次性全部排空。

知识点二　细胞的跨膜信号转导功能

多细胞生物是一个统一的整体，细胞之间互相影响、协同活动是每时每刻都在发生的。调节机体内各种细胞在时间和空间上有序的增殖、分化，协调它们的代谢、功能和行为，主要是通过细胞间数百种信号物质实现的。这些信号物质包括激素、神经递质和细胞因子等。

兴奋在细胞间传递的形式除了在心肌、内脏平滑肌和少量神经细胞之间，由于存在细胞间通道—缝隙连接而可以进行双向的直接电传递外，其他大部分细胞主要是以神经递质、激素等各种化学分子为媒介物而进行信息传递的。这些活性分子本身并不进入它们的靶细胞或直接影响细胞内代谢过程（少数类固醇激素和甲状腺素例外），而是作用于细胞膜表面，通过引起膜结构中一种或多种特殊蛋白质分子的变构作用，将信息以新的信号形式传递到膜内，进而引起靶细胞功能的改变（靶细胞膜的电变化或其他细胞内功能的改变）。这一过程称为跨膜信号转导或跨膜信号传递。细胞跨膜信号转导的方式主要有以下几种：

①由具有特异感受结构的通道蛋白质完成的跨膜信号传递。一些门控通道具有受体的功能，它能与特定信号刺激结合，使其构象发生改变，从而允许某些离子通过，导致膜电位变化而引起细胞功能的改变。神经—肌肉接头的信息传递就是这种跨膜信号转导的典型代表。当运动神经末梢兴奋时，释放乙酰胆碱（ACh），与骨骼肌细胞终板膜上的N型乙酰胆碱受体结合，进而引起终板膜 Na^+ 通道开放，引起 Na^+ 内流，使骨骼肌细胞兴奋。

②由膜的特异受体蛋白质、鸟苷酸结合蛋白（G-蛋白）和膜的效应器酶组成的跨膜信号传递。通过这种方式进行跨膜信号传递的，不仅包括绝大多数肽类激素。在神经递质类物质中，除氨基酸递质以外，主要都是以这种方式来完成跨膜信号传递的。

③由酪氨酸激酶受体完成的跨膜信号传递。近年来研究发现，胰岛素及表皮生长因子（EGF）、神经生长因子、成纤维细胞生长因子等多种细胞因子都是通过该途径实现传递的。

酪氨酸激酶受体只有一个跨膜的α-螺旋和一个膜内肽段。膜外肽链与特定配体结合后直接激活膜内肽链，使该肽链或其他蛋白质底物的酪氨酸残基磷酸化而引发细胞功能改变。

知识点三　细胞的生命活动

凡是活的细胞，都具有下列生命活动现象。

一、新陈代谢

新陈代谢是细胞生命活动的基础。每一个活的细胞，在生命活动过程中，都必须不断地从外界摄取营养物质，合成本身需要的物质，这一过程称为同化作用（合成作用）；同时也分解自身物质，释放能量供细胞活动需要，并排出废物，这一过程称为异化作用（分解作用）。这两个过程的对立统一，就是新陈代谢。细胞的一切生命活动，都建立在新陈代谢的基础上，如新陈代谢停止，就意味着细胞的死亡。

二、感应性

感应性是指细胞受到外界刺激（如机械、温度、光、电、化学等）时会产生反应的特性。如神经细胞受到刺激后会产生兴奋和传导冲动，骨骼肌细胞受到刺激后会收缩，腺细胞受到刺激后会分泌等。

三、运动

机体内的某些细胞，有一定的运动能力，在不同的环境下，可表现出不同的运动形式。如吞噬细胞的变形运动，骨骼肌细胞的收缩与舒张运动，精细胞的鞭毛运动，气管上皮的纤毛运动等。

四、细胞生长与增殖

细胞生长和增殖是生物体重要的基本特征之一。

细胞生长表现为细胞体积的增加，细胞干重、蛋白质、核酸含量增加均可作为衡量细胞生长的指标。此外，细胞间质的增加也是细胞生长的一种形式。

细胞增殖是指细胞数量的增加。细胞以分裂的方式进行增殖。单细胞生物，以细胞分裂的方式产生新的个体。多细胞生物，以细胞分裂的方式产生新的细胞，用来补充体内衰老和死亡的细胞；同时，多细胞生物可以由一个受精卵，经过细胞的分裂和分化，最终发育成一个新的多细胞个体。必须强调指出的是，通过细胞分裂，可以将复制的遗传物质，平均地分配到两个子细胞中去。可见，细胞增殖是生物体生长、发育、繁殖和遗传的基础。

五、细胞分化

细胞分化是指在个体发育进程中，细胞发生化学组成、形态结构和功能彼此互异逐步改变的现象。如动物由一个简单的受精卵转变成具有高度复杂性和结构性的胚胎，而后又发育成具有多种复杂生理功能的完整个体。

六、细胞凋亡

1. 细胞凋亡的概念与生物学意义

细胞凋亡是一个主动的由基因决定的自动结束生命的过程，也叫细胞编程性死亡(pCn)。细胞凋亡是细胞的一种生理性的、主动性的"自觉自杀行为"，犹如秋天片片树叶的凋落。由于这些细胞死得有规律，似乎是按编好了的"程序"进行的，所以又称为"程序性细胞死亡"。细胞凋亡是一种正常的生理过程，但是细胞凋亡过多或过少都可引起疾病发生。因此，近年来对于细胞凋亡的研究已成为医学界研究的热点之一。

细胞凋亡是细胞的一种基本生物学现象，对于多细胞生物个体的正常生长发育、自稳态平衡的维持和抵御外界各种因素的干扰方面都起着十分重要的作用。通过细胞凋亡，机体可以去除不需要的或异常的细胞而不引起炎症反应，因而具有十分重要的生物学意义。

机体内每小时都有数百万细胞凋亡，而每个凋亡的细胞，几乎都有新生的细胞来取代，这样才能使组织与器官维持原状。而一旦细胞的这种生与死失去平衡，机体就会产生很多疾病。

知识链接

细胞凋亡失衡与疾病

关节炎、过敏等症状的发生，是由于本该凋亡的细胞却没有按照程序死亡而导致的；艾滋病则是由于病毒的攻击，使不该死亡的淋巴细胞大量死亡，从而破坏了人体的免疫能力；而神经细胞的提前死亡，则能引起老年性痴呆症。

近年来的科学研究还表明，细胞的凋亡是受细胞内部的基因所调控的，调控凋亡的基因有两类：一类是抑制凋亡的基因；另一类是启动或促进凋亡的基因。科学家们只要找出这些调控基因，分析其功能，就可以找出比放疗、化疗更有效果的诱导癌细胞凋亡的药物，从而产生一种独特的新疗法。

2. 细胞凋亡的特征

(1)形态学变化　细胞凋亡的形态学变化是多阶段的，细胞凋亡往往涉及单个细胞，即便是一小部分细胞也是非同步发生的。首先出现的是细胞体积缩小,连接消失,与周围的细胞脱离,然后是细胞质密度增加,线粒体膜电位消失,通透性改变,释放细胞色素 C 到胞浆,核质浓缩,核膜、核仁破碎;胞膜有小泡状形成,膜内侧磷脂酰丝氨酸外翻到膜表面,胞膜结构仍然完整,最终可将凋亡细胞遗骸分割包裹为几个凋亡小体,无内容物外溢,因此,细胞凋亡并不引起周围的炎症反应,凋亡小体可迅速被周围专职或非专职吞噬细胞吞噬。

(2)生物化学变化　细胞凋亡的一个显著特点是细胞染色体的 DNA 降解,这是一个较普遍的现象。这种降解非常特异并有规律,产生不同长度的寡聚核小体片段。实验证明,这种 DNA 的有控降解是一种内源性核酸内切酶作用的结果。

知识点四　细胞的兴奋性和生物电现象

一、细胞的兴奋性

(一)应激性与兴奋性

应激性是指活的机体、组织、细胞对内外环境刺激发生反应的能力或特性,是原生质普遍的特性。无论是低等的原生动物还是高等的禽类、哺乳动物均具有应激性。

虽然不同细胞对刺激产生的反应不同,但其本质都是细胞受到刺激后膜电位发生变化的结果。细胞膜电位变化有两种形式。神经、肌肉、腺体等组织细胞,接受刺激后膜电位的变化表现为可传播的动作电位,该过程称为细胞的兴奋,这类细胞称为可兴奋细胞;结缔组织的细胞接受刺激后,膜电位变化仅表现为局部膜电位下降,并不产生动作电位,这类细胞称非兴奋细胞。通常把非兴奋细胞接受刺激发生反应的能力或特性称为应激性,把可兴奋细胞接受刺激发生反应的能力或特性称为兴奋性。

(二)刺激与兴奋的关系

1. 刺激的性质

各种刺激并不是对所有可兴奋细胞都能引起反应。例如,一定频率的声波能引起内耳听细胞的兴奋反应,称适宜刺激;而对机体其他细胞则不起反应,则称不适宜刺激。体内多种激素往往是同一靶细胞的适宜刺激。

2. 刺激的强度

适宜刺激引起细胞兴奋还需要一定的强度,在一定的时间内,能引起细胞产生兴奋的最低刺激强度称为阈值。兴奋性越高,阈值就越低,低于阈值的过弱刺激称为阈下刺激,单个的阈下刺激不能引起细胞产生兴奋。

3. 刺激的时间

引起细胞反应除需要一定的刺激强度外,还需要一定的刺激时间。一般说来,细胞的兴奋性越低,需要刺激时间就越长。刺激的强度和作用时间是引起细胞发生反应的两个必要条件,两者存在密切的相互关系。刺激强度越大,引起细胞反应的刺激时间就越短;反之,刺激强度越小,所需刺激时间就越长(图 1-1)。但如果刺激作用时间过长,细胞就将对刺激产生适应作用而不引起反应。细胞发生适应作用时,它的兴奋性会逐渐降低,刺激阈会逐渐升高,因而会使原来足够能引起反应的刺激变为阈下刺激而不引起反应。细胞的兴奋性越高，它对刺激的适应作用就越快。

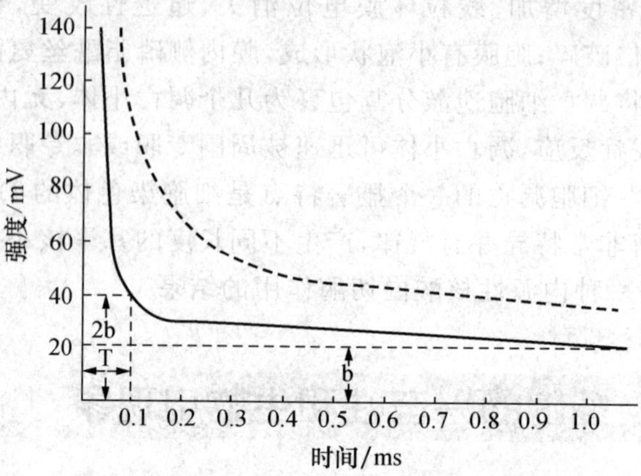

图 1-1　强度—时间曲线

b：基强度　T：时值

（三）兴奋性的变化

细胞的兴奋性不是固定不变的，尤其是受到刺激时发生较大变化。以神经细胞和肌肉细胞为例，一次刺激后，兴奋性经历四个阶段的变化，然后又恢复到正常水平。这四个阶段依次为：

（1）绝对不应期　细胞完全缺乏兴奋性的时期，对任何新刺激都不发生反应，所以也称绝对乏兴奋期。

（2）相对不应期　这时细胞的兴奋性开始逐渐恢复，但还没有达到正常水平，原来的阈刺激不能引起反应，较强的刺激才能引起反应。

（3）超常期　继相对不应期之后出现，这时细胞的兴奋性略高于正常水平，原来的阈下刺激也能引起反应。

（4）低常期　这时细胞兴奋性又降低至正常水平以下，低常期后兴奋性逐渐恢复正常。

二、生物电现象

生命活动过程中出现的电现象称为生物电现象，它是细胞基本特性之一，是细胞兴奋性的基础。

（一）静息电位

细胞在安静时，即未受刺激时，膜内外两侧的电位差（呈膜外为正、膜内为负的极化状态）称为静息电位或膜电位。神经细胞和肌细胞的膜电位为－90～－70 mV。

（二）动作电位

可兴奋组织或细胞接受刺激而发生兴奋时，细胞膜原来的极化状态立即消失，并在膜的内外两侧发生一系列电位变化，这种电位变化称作动作电位。动作电位包括 3 个基本过程：①去极化，膜内原来存在的负电位迅速消失，即膜电位的极化状态消失；②反极化，继去极化之后，进而发展为极化状态倒转，即转变为膜内为正，膜外为负；③复极化，膜内电位达到顶峰后开始下降，恢复至原来静息电位水平。

如图 1-2 所示，动作电位曲线第一部分是一个迅速发生和迅速消逝的较大负电位，称为峰电位。它的上升波包括膜电位由－70 mV 至零(去极化)，再由零上升到 40 mV(反极化，也称超射)；曲线的第二部分为后电位。在峰电位恢复到静息电位水平以前，膜电位经历较长时间的波动，一般先有负后电位，而后出现正后电位，最后恢复到原来水平(复极化)。峰电位表示细胞处于兴奋状态，大体上相当于绝对不应期；峰电位下降波的最后时间与相对不应期相当；负后电位则相当于超常期；正后电位则与低常期相当。

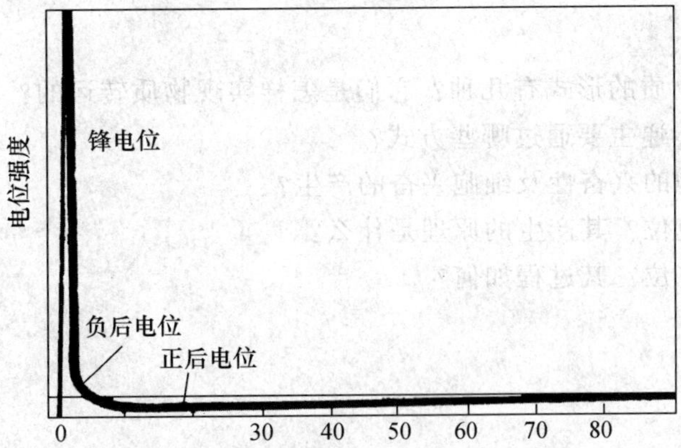

图 1-2　哺乳动物有髓神经动作电位曲线

(三)生物电现象产生的机理

细胞膜内外离子分布很不相同。在正离子方面，细胞内 K^+ 浓度高，为膜外的 20～40 倍，而细胞外 Na^+ 浓度约高于膜内的 20 倍；负离子方面，细胞外 Cl^- 浓度较细胞内高，而细胞内大分子有机物(A^-)较细胞外多。因此，细胞膜内外两侧存在离子分布的不平衡，即存在离子浓度差和电位差，在电化学梯度的作用下，离子就有扩散到膜另一侧的可能性。

细胞在静息状态下，膜对 Na^+ 的通透性小，而膜对 K^+ 有较大的通透性，于是 K^+ 浓度差推动 K^+ 从膜内向膜外扩散，正电荷随钾离子外流，带负电荷的蛋白质不能外流而留在膜内，于是膜外积累正电荷，膜内积累负电荷，这种电位差随着 K^+ 的外流逐渐增大，并对 K^+ 外流产生阻碍作用。当膜内外 K^+ 浓度差(K^+ 外流动力)与电位差(K^+ 外流阻力)达平衡时，K^+ 跨膜净转运为 0，膜内外电位动态稳定于一定水平，即形成静息电位。因此，细胞的静息电位主要由 K^+ 外流所产生，反映 K^+ 的平衡电位。

当细胞受刺激而兴奋时，细胞膜对 Na^+ 通透性突然增大，于是在膜两侧 Na^+ 浓度差的推动下，Na^+ 向细胞内流，而这时对 K^+ 的通透性降低，致使 K^+ 外流减少，膜内正电荷积累，形成去极化和反极化过程。随后膜对 Na^+ 通透性迅速降低，而对 K^+ 通透性又增高，于是 K^+ 外流增多，逐渐恢复到原来的静息电位水平，为复极化过程。在峰电位结束时，膜内 Na^+ 和膜外 K^+ 的浓度都比正常时有所增加，复极化(峰电位后)除靠 Na^+、K^+ 的被动扩散外，还有赖于逆浓度差的主动扩散作用，在 ATP 分解供能使钠—钾泵运转下，膜内增多的 Na^+ 被排出膜外，同时把膜外增多的 K^+ 吸进膜内，使膜内外的 Na^+、K^+ 浓度完全恢复到静息状态水平，构成后电位时相。

(四)动作电位的传导

细胞某一部位兴奋产生动作电位后，能够沿着细胞膜传导至整个细胞，这是可兴奋细胞的特征之一。

动作电位发生传导的原因是：当膜受刺激时，兴奋部位的膜两侧电荷分布为内正外负，而相邻部位则是内负外正。由于两部位存在电位差产生局部电流，局部电流刺激邻近的静息部位引起兴奋，使膜去极化，引发新的动作电位，如此顺次重复，使动作电位沿整个膜传导。

复习思考

1. 细胞膜转运物质的形式有几种？它们是怎样实现物质转运的？
2. 细胞间信息传递主要通过哪些方式？
3. 如何理解细胞的兴奋性及细胞兴奋的产生？
4. 什么是静息电位？其产生的原理是什么？
5. 什么是动作电位？其过程如何？

Project 2

认知血液生理

学习目标

理解血液的凝固过程和机制；
掌握血液的组成、理化特性和功能；
能熟练掌握各种动物血液的采集方法；
能进行红细胞计数和血红蛋白测定。

血液是一种红色、略带腥味和黏性的液体，充满于心血管系统中，在心脏的推动下循环于全身血管系统之中。血液在不断流动过程中，实现其运输物质、维持稳态、保护机体以及参与神经体液调节等生理功能。

知识点一　机体的内环境

一、内环境

动物有机体含有大量的水分，这些水分及溶解于水中的物质总称为体液。体液占体重的60%～70%，根据存在部位不同，体液被划分为细胞内液和细胞外液。细胞内液是指存在于细胞内的液体，是细胞内进行生化反应的场所，占体重的40%～45%；细胞外液是指存在于细胞外的液体，包括血浆、组织液、淋巴液和脑脊液等，占体重的20%～25%，由于它是细胞直接生活的具体环境，故又称为机体的内环境。

各种体液彼此隔开而又相互联系，通过细胞膜和毛细血管壁进行物质交换（图 2-1）。

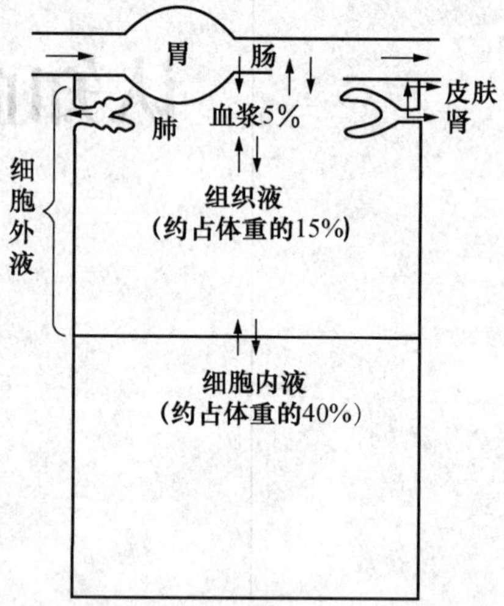

图 2-1　体液分布及其物质交换示意图

二、血液对内环境稳定的意义

内环境能为细胞提供营养物质和接受来自细胞代谢的终产物，并能保持其中各种成分和pH、渗透压、各种离子浓度以及温度等理化特性的相对稳定，从而保证了细胞的各种代谢活动（各种酶促反应过程）和生理功能的正常进行。

内环境的稳定性是细胞进行生命活动的必要条件。内环境的成分和各种理化性质之所以能保持相对稳定，有赖于各器官系统在神经—体液调节下相互协调活动的结果。由于有机体通过内环境与外环境进行物质交换并不断地代谢，因此，内环境的成分和理化性质不是固定不变的，而是在一定范围内波动，保持着动态的平衡。血液在不停地循环流动之中，不仅具有运输各种物质的功能，而且在维持内环境稳定方面起着重要作用。具体有：

①在组织与各内脏器官之间运输各种物质，从而维持内环境稳定；

②血液对内环境某些理化因素的变化具有一定的缓冲作用；

③血液可以反映内环境理化性质的微小变化，为维持内环境稳定的调节系统提供必要的反馈信息。

知识点二 血液的组成和理化特性

一、血液的基本组成

正常血液为红色黏稠的液体。它由血浆和悬浮在血浆内的有形成分组成。血液的组成如图 2-2 所示。

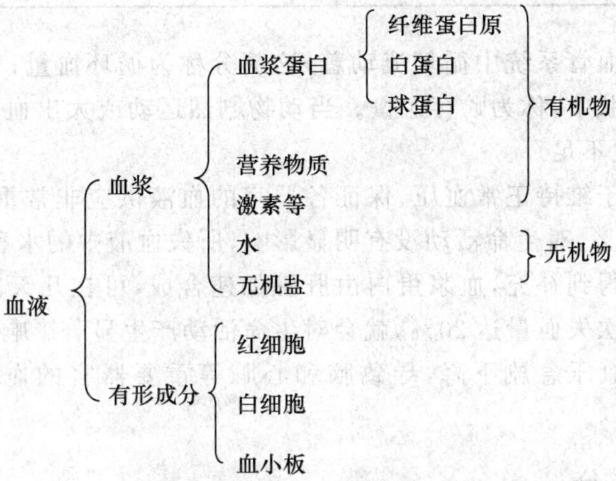

图 2-2 血液的组成

血液离开血管后将很快凝固，由液态变为胶冻状。能够防止血液凝固的物质称为抗凝血剂。常用的抗凝血剂有草酸盐、柠檬酸盐和肝素等。把加有抗凝血剂（如柠檬酸钠或肝素等）的血液置于离心管中离心沉淀后（3 000 r/min，30 min），能明显地分成 3 层：上层液体部分为血浆；下层的深红色沉淀物为红细胞；在红细胞与血浆之间有一白色薄层是白细胞和血小板。按上述条件离心沉淀后全血中被压紧的红细胞容积占全血容积百分率，称红细胞压积或红细胞比容，简称为血液压积或血液比容。当血浆量或红细胞数发生改变时，均可使红细胞压积发生改变。所以，测定红细胞压积有助于了解血液浓缩和稀释的情况，帮助诊断疾病。

离体血液不作抗凝处理，所凝固的血块不久后将进一步紧缩，并析出淡黄色的清亮液体，这种液体称为血清。血清与血浆的主要区别在于，血浆是血液中未经凝固的液体部分，含有可溶性的纤维蛋白原；血清中不含有一种叫作纤维蛋白原的血浆蛋白成分，这是因为该种物质在血液凝固过程中，转变成为不溶性的纤维蛋白，并留在血凝块之中。因此，可把血清看作是不含纤维蛋白原的血浆。

二、血量

动物体内的血液总量称为血量，是血浆量和血细胞量的总和。血量占体重的 6%～8%（表 2-1），并随动物的种类、性别、年龄、营养状况、妊娠、泌乳和所处的外界环境而发生变动。

表 2-1 几种动物的血液总量 mL

动物	每千克体重血量	动物	每千克体重血量
马(赛马)	109.6	鸡	74.0
马(役用)	71.7	犬	92.5
奶牛	57.4	猫	66.7
猪	57.0	兔	56.4
绵羊	58.0	小白鼠	54.3
山羊	70.0	豚鼠	72.0

绝大部分血液在心血管系统中循环流动着,这部分称为循环血量;其余部分(主要是红细胞)贮存在肝、脾和皮肤中,称为贮存血量。当动物剧烈运动或大出血时,贮存血量可释放出来,以补充循环血量之不足。

血量的相对恒定对于维持正常血压、保证各器官的血液供应非常重要。如动物一次失血量不超过总血量的10%,对生命活动没有明显影响,所失血液中的水和无机盐可在1~2 h内由组织间液渗入血管得到补充,血浆蛋白由肝脏加速合成,可在几天内恢复,红细胞也能在一个月内恢复。如一次失血量达20%,就会对生命活动产生显著影响;如一次急性失血量达25%~30%,可引起血压急剧下降,导致脑和心脏等重要器官的血液供应不足而危及生命。

三、血液的化学成分

血液除有形成分外,其余成分就是血浆。血浆中含90%~92%的水分、8%~10%的溶质。溶质中包括无机盐和有机物。

(一)无机盐

血浆中无机盐约占0.9%,主要以离子形式存在,少数以分子或与蛋白质结合状态存在。主要的阳离子有 Na^+、K^+、Ca^{2+}、Mg^{2+};主要的阴离子有 Cl^-、HCO_3^-、HPO_4^{2-} 和 SO_4^{2-} 等。主要的微量元素有铜、锌、铁、锰、碘、钴等,它们主要存在于有机化合物分子中。这些无机离子的主要生理功能是:

①维持血浆晶体渗透压;

②维持体液的酸碱平衡;

③维持组织细胞的兴奋性。

(二)有机物

1. 血浆蛋白

血浆蛋白占血浆的6.2%~7.9%,是血浆中多种蛋白质的总称。根据分子质量不同,血浆蛋白分为白蛋白(又称清蛋白)、球蛋白和纤维蛋白原等。其中白蛋白含量最多,球蛋白次之,纤维蛋白原最少,纤维蛋白原主要在血液凝固过程中起作用,可形成血凝块,当组织受伤出血时,有堵塞血管破口、止血的作用。

2. 血浆中其他有机物

(1)非蛋白含氮化合物 通常称这类化合物所含的氮为非蛋白氮(NPN),它们主要是蛋白质代谢的中间产物,包括尿素、尿酸、肌酐、氨基酸、胆红素和氨等。

(2)不含氮的有机物　如葡萄糖、甘油三酯、磷酸、胆固醇和游离脂肪酸等，它们与糖代谢和脂类代谢有关。

(3)微量的活性物质　主要包括酶类、激素和维生素等。

四、血液的理化特性

(一)血色、血味

动物血液呈红色，颜色随红细胞中血红蛋白的含氧量而变化。含氧量高的动脉血呈鲜红色；含氧量低的静脉血则呈暗红色。血液中因含有氯化钠而呈咸味，因含有挥发性脂肪酸而具有特殊的血腥味，肉食动物腥味更甚。

(二)血液的密度

健康动物血液的相对密度在1.050～1.060。红细胞密度最大，白细胞次之，血浆最小，各种动物血液的密度如表2-2所示。

表2-2　各种动物血液的相对密度

动物	牛	猪	绵羊	山羊	马	鸡
血液密度	1.046～1.061	1.035～1.055	1.041～1.061	1.035～1.051	1.046～1.051	1.045～1.060

(三)血液的黏滞性

血液流动时，由于内部分子间相互摩擦产生阻力，表现出流动缓慢和黏着的特性，叫作黏滞性。哺乳动物全血的黏滞性是水的4～6倍，母鸡全血的黏滞性是水的3.08倍，公鸡全血的黏滞性是水的3.67倍。其大小主要取决于红细胞数量和血浆蛋白浓度。红细胞数量越多，血浆蛋白浓度越高，黏滞性也越大。血液的黏滞性对血液的流动阻力和速度影响极大。血液黏滞性降低时，血流阻力减小，速度加快；反之血流阻力增大，速度减弱。

(四)血浆的渗透压

水通过半透膜向溶液中扩散的现象称为渗透。溶液促使水向半透膜另一侧溶液中渗透的力量，称为渗透压。渗透压的高低取决于溶液中溶质颗粒的多少，而与溶质的种类和颗粒的大小无关。在单位体积的溶液中，颗粒越多，渗透压越高。

血浆渗透压约为7.6个大气压，约相当于770 kPa。血浆渗透压由两部分构成：一种是由血浆中的晶体物质，特别是各种电解质构成，叫作晶体渗透压，约占总渗透压的99.5%；另一种是由血浆蛋白质构成的胶体渗透压，仅占总渗透压的0.5%。血浆胶体渗透压虽小，但由于蛋白质不易透过毛细血管壁，而且血浆蛋白浓度又高于组织液，因此有利于血管中保留一定的水分。

有机体细胞的渗透压与血浆的渗透压相等。与细胞和血浆的渗透压相等的溶液，叫作等渗溶液，常用的等渗溶液是0.9%氯化钠溶液，又称为生理盐水。渗透压比它高的溶液称为高渗溶液，如10%的氯化钠溶液；渗透压比它低的溶液称为低渗溶液。

(五)血液的酸碱度

动物的血液呈弱碱性，pH为7.35～7.45。生命活动能够耐受的血液pH最大范围为6.9～7.8。在正常情况下，血液pH保持稳定，除了通过肺和肾排出过多酸性或碱性物质外，主要依赖于血液中的缓冲对。缓冲对通常是由弱酸和碱性弱酸盐这一对物质所组成。血浆中的缓冲对有：$NaHCO_3/H_2CO_3$、Na_2HPO_4/NaH_2PO_4、Na-蛋白质/H-蛋白质；红细胞中的缓冲对有：KHb/HHb、$KHbO_2/HHbO_2$。这些缓冲对中，以 $NaHCO_3/H_2CO_3$ 最为重要。每当血液中的酸性物质增加时，碱性弱酸盐与之起反应，使其变为弱酸，于是酸性降低；而每当血液中的碱性物质增加时，则弱酸与之起反应，使其变为弱酸盐，缓解了碱性物质的冲击。生理学中常把血浆中的 $NaHCO_3$ 含量称为血液的碱贮。在一定范围内，碱贮增加表示机体对固定酸的缓冲能力增强。

知识链接

酸中毒

家畜在过度运动或饲喂大量酸性饲料，或因代谢性疾病（糖尿病、酮血症等）导致血中酸性物质显著增加超过调节能力时，都会使碱贮异常减少，造成代谢性酸中毒。

知识点三　血细胞生理

一、红细胞

（一）红细胞的形态与数量

大多数哺乳动物的成熟红细胞（RBC）无细胞核和细胞器，呈双面内凹的圆盘状。这种双面内凹的圆盘形态可使红细胞的表面积与体积的比值增大。较大的表面积可使内含物在细胞内有较多的活动余地，因而红细胞具有很强的形变可塑性，当红细胞进出比其直径还小的毛细血管和血窦孔隙时，可避免挤压受损。此外，这种形态可使中央细胞膜到达细胞内部的距离缩短，这对于 O_2 和 CO_2 的扩散、营养物质和代谢产物的运输都非常有利。

红细胞在血细胞中数量最多，以每升血中含有多少 10^{12} 个表示（$\times 10^{12}/L$）。各种动物的红细胞数如表 2-3 所示。其正常数量随动物种类、品种、性别、年龄、饲养管理和环境条件而有所变化。

表 2-3　成年健康动物红细胞数量和血红蛋白含量

动物种类	红细胞数/（$\times 10^{12}$/L）	血红蛋白量/（g/L）
猪	6.5（5.0～8.0）	130（100～160）
牛	7.0（5.0～10.0）	110（80～150）
绵羊	10.0（8.0～12.0）	120（80～160）
山羊	13.0（8.0～18.0）	110（80～140）
马	7.5（5.0～10.0）	115（80～140）
犬	6.8（5.5～8.5）	150（120～180）
猫	7.5（5.0～10.0）	120（80～150）
兔	6.9	120
鸡	3.5（3.0～3.8）	100（80～120）

红细胞的细胞质内充满大量血红蛋白(Hb),约占红细胞成分的33%。血红蛋白由亚铁血红素和珠蛋白结合而成,具有携带 O_2 和 CO_2 的功能。血红蛋白的含量受品种、性别、年龄、饲养管理等因素的影响,常以每升血液中含有的克数(g/L)表示。各种动物的血红蛋白量如表2-3所示。

单位容积红细胞数、血红蛋白含量同时或其中之一显著减少而低于正常值,都称为贫血。

(二)红细胞的生理特性与功能

1. 红细胞的生理特性

(1)红细胞膜的通透性　红细胞膜对各种物质的通透具有选择性。水、氧和二氧化碳等分子可以自由通过细胞膜;葡萄糖、氨基酸、尿素较易通过;Cl^-、HCO_3^- 和 H^+ 也较易通过;Ca^{2+} 则很难通过,所以红细胞内几乎没有钙离子。至于 Na^+,正常状态下进入细胞后又被推出于细胞膜外,并经 Na^+-K^+ 交换而将 K^+ 纳入细胞内,以维持细胞膜内、外钾离子与钠离子的浓度差,保持细胞的正常兴奋性。红细胞膜的这种有选择的通透性能维持红细胞内的化学组成和红细胞的各种正常生理功能。

(2)红细胞的渗透脆性　通常红细胞内外液体的渗透压相等,使红细胞能保持一定的形态和大小。将红细胞置于等渗溶液中,溶液的渗透压与红细胞的相等,能维持其正常形态而不变形。若将红细胞置于高渗溶液中,则红细胞由于水分逐渐外移而皱缩,严重时即丧失其机能。或将红细胞放入低渗溶液中,红细胞将因吸水而膨胀,红细胞膜终被胀破并释放出血红蛋白,这种现象称为溶血。红细胞对低渗溶液有一定的抵抗力,当周围液体的渗透压降低不大时,细胞虽有胀大但并不破裂溶血,对低渗的这种抵抗力称之为红细胞渗透脆性。对低渗的抵抗力大,则脆性小;对低渗的抵抗力小,则脆性大。衰老的红细胞脆性大,在某些病理状态下,红细胞脆性会显著增大或减小。

(3)红细胞的悬浮稳定性　红细胞密度虽较血浆为大,但它在血浆中的沉降却很缓慢,红细胞这种悬浮于血浆中不易下降的特性,叫作悬浮稳定性。悬浮稳定性的大小可用红细胞沉降率表示,通常以1 h内红细胞下沉的距离表示红细胞的沉降率(简称血沉),动物种类不同血沉也不同,各种动物的血沉值如表2-4所示。动物患某些疾病时,红细胞的沉降率会发生明显变化。因此,测定血沉有诊断价值。

表2-4　健康动物的血沉值

种类	血沉平均值(刻度)			
	15 min	30 min	45 min	60 min
猪	3.0	8.0	20.0	30.0
牛	0.1	0.25	0.40	0.58
绵羊	0.2	0.4	0.6	0.8
山羊	0	0.1	0.3	0.5
马	31.0	49.0	53.0	55.0
骡	23.0	47.0	52.0	54.0
犬	0.2	0.9	1.7	2.5
兔	0	0.3	0.9	1.5
母鸡	1.35	5.30	10.5	18.5

2. 红细胞的功能

红细胞的主要功能是运输氧和二氧化碳，并对酸、碱物质具有缓冲作用，而这些功能均与红细胞中的血红蛋白有关。

(1)血红蛋白与气体运输　红细胞内容物主要成分是血红蛋白(Hb)，它约占红细胞干重的90%。血红蛋白既能与氧结合，形成氧合血红蛋白(HbO_2)；又易于将它释放，形成脱氧(或"还原")血红蛋白(HHb)。释放出的氧供组织细胞代谢需要。此外，二氧化碳也可以与血红蛋白结合。

知识链接

一氧化碳和亚硝酸盐中毒

一氧化碳中毒俗称"煤气中毒"。由于CO与Hb亲和力比氧大200多倍，因此只要空气中的CO浓度达到0.05%，血液中就有30%～40%的Hb与之结合，使血红蛋白运输O_2能力大为降低，严重时动物可因组织缺氧而死亡。

亚硝酸盐中毒是因为亚硝酸盐能将Hb中的二价铁氧化为三价铁，形成高铁Hb，而高铁Hb与氧结合后不易解离，因而失去运氧能力。如果高铁Hb超过2/3，会导致组织严重缺氧，动物可因窒息而死亡。菜蔬类茎、叶中含大量硝酸盐，如加工或储存不当，硝酸盐可转化为亚硝酸盐。动物采食后易中毒，如猪的"白菜叶子病"。

血红蛋白与氧结合形成氧合血红蛋白(HbO_2)的过程，并非氧化反应；氧合血红蛋白(HbO_2)释放氧后形成脱氧(或"还原")血红蛋白(HHb)的过程，也不是还原过程。

(2)血红蛋白的酸碱缓冲功能　HHb和HbO_2均为弱酸性物质，它们一部分以酸分子形式存在，一部分与红细胞内的钾离子构成血红蛋白钾盐，因而组成了两个缓冲对，即KHb/HHb和$KHbO_2/HHbO_2$，共同参与血液酸碱平衡的调节作用。

(三)红细胞的生成和破坏

1. 红细胞的生成

哺乳动物出生以后，红骨髓是正常情况下生成红细胞的唯一器官。造血过程中除了需要骨髓造血机能正常以外，还需要供应造血原料和促进红细胞成熟物质。蛋白质和铁是红细胞生成的主要原料，若供应或摄取不足，造血将发生障碍，出现营养性贫血。促进红细胞发育和成熟的物质，主要是维生素B_{12}、叶酸和铜离子。

2. 红细胞的破坏

红细胞平均寿命约120 d。红细胞的破坏主要是由于自身衰老所致。衰老的红细胞变形能力减退，脆性增高，容易在血流的冲击下破裂或滞留于脾中被巨噬细胞吞噬。红细胞被破坏后，释放出的血红蛋白很快被分解成为珠蛋白、胆绿素和铁3部分。珠蛋白和铁可重新参加体内代谢，胆绿素立即被还原成胆红素，经肝脏随胆汁排入十二指肠。

二、白细胞

(一)白细胞的数量和分类

白细胞(WBC)是血液中无色、有核的细胞，体积比红细胞大。在组织中由于能作变形运动,因而形态多变。根据白细胞胞浆中有无粗大颗粒可分成颗粒细胞和无颗粒细胞两大类。颗粒细胞按其染色特点又可分为3类,即中性粒细胞、嗜酸性粒细胞和嗜碱性粒细胞、无颗粒细胞(包括单核细胞和淋巴细胞)。

白细胞数量以每升血液中有多少10^9个表示($\times10^9$/L)。其变动范围较大,可随动物生理状态而变化。如下午的数量比早晨多,运动后比安静时多,但是各类白细胞之间的百分比却是相对恒定的,如表2-5所示。

表2-5　成年动物白细胞数及白细胞分类百分比

动物	白细胞总数/($\times10^9$/L)	各种白细胞的百分比/%				
		中性粒细胞	嗜酸性粒细胞	嗜碱性粒细胞	淋巴细胞	单核细胞
猪	8.5	53.0	4.0	0.6	39.4	3.0
牛	8.0	31.0	7.0	0.7	54.3	7.0
绵羊	8.2	37.2	4.5	0.6	54.7	3.0
山羊	9.6	42.2	3.0	0.8	50.0	4.0
马	14.8	46.1	3.0	1.2	47.6	2.1
犬	9.0	61.0	6.0	1.0	25.0	7.0
猫	18.0	68.25	4.5	0.25	25.8	1.2
兔	7.6	35.0	1.0	2.5	59.0	2.0
鸡♂	16.6	25.8	1.4	2.4	64.0	6.4
鸡♀	29.4	13.3	2.5	2.4	76.1	5.7

(二)白细胞的主要功能

白细胞依靠其具有的游走、趋化性和吞噬作用等特性,抵抗外来微生物对机体的损害,实现对机体的保护功能。白细胞的趋化性是指白细胞能够向其周围环境中存在的某些化学物质靠近的特性。各类白细胞的功能如下:

(1)嗜中性粒细胞　是粒细胞中数量最多的一种,占粒细胞总数的50%左右,胞体呈球形。具有很强的变形运动和吞噬能力。当机体的局部受到细菌侵害时,嗜中性粒细胞对细菌产物和受损组织所释放的某些化学物质有趋向性,以变形运动穿出毛细血管,聚集到病变部位吞噬细菌和清除组织碎片。在急性化脓性炎症时,嗜中性粒细胞显著增多。

(2)嗜酸性粒细胞　数量较少,细胞呈圆球形。嗜酸性粒细胞基本上没有杀菌能力。它的主要机能在于缓解过敏反应和限制炎症过程。当机体发生抗原—抗体相互作用而引起过敏反应时,可引起大量嗜酸性粒细胞以变形运动穿出毛细血管进入结缔组织,吞噬抗原抗体复合物,释放组胺酶,灭活组胺,从而减轻过敏反应。

(3)嗜碱性粒细胞　数量最少,细胞呈球形。胞核常呈S形或分叶形。胞质内含有大小不等、分布不均的嗜碱性颗粒,染成深紫蓝色,胞核常被颗粒掩盖。颗粒内有肝素、组织胺和白三烯。嗜碱性粒细胞能变形游走,但无吞噬功能。颗粒中的组织胺对局部炎症区域的小血管有舒张作用,能加大毛细血管的通透性,有利于其他白细胞的游走和吞噬活动,它所含的肝素对局部炎症部位起抗凝血作用。

(4)单核细胞　是白细胞中体积最大的细胞,呈圆形或椭圆形,胞核呈肾形、马蹄形或扭曲折叠的不规则形。其功能与嗜中性粒细胞类似,亦具有运动与吞噬能力,并能激活淋巴细胞的特异性免疫功能，促使淋巴细胞发挥免疫作用。

(5)淋巴细胞　数量较多，细胞呈球形。胞核圆形、椭圆形或肾形；淋巴细胞按其直径分为大、中、小三种。中淋巴细胞和大淋巴细胞核多为圆形，核染色质较疏松，着色较浅，有时可见核仁。胞质相对较多，胞核周围的淡染晕比较明显。小淋巴细胞核多为圆形或椭圆形，核的一侧有小凹陷，核染色质呈致密的块状，染成深蓝紫色。胞质很少，仅在核周围有一薄层，呈嗜碱性，染成天蓝色。健康动物血液中，大淋巴细胞极少，中淋巴细胞较少，主要是小淋巴细胞。

淋巴细胞主要参与体内免疫反应。

(三)白细胞的生成与破坏

各类白细胞来源不同：颗粒白细胞是由红骨髓的原始粒细胞分化而来；单核细胞大部分来源于红骨髓，一部分来源于单核巨噬细胞系统，经短暂的血液中生活之后进入疏松结缔组织，最后分化成巨噬细胞；淋巴细胞生成于脾、淋巴结、胸腺、骨髓、扁桃体及散在于肠黏膜下的集合淋巴结内。

白细胞在血液中停留的时间一般都不长，一般为若干小时至几天。衰老的白细胞大部分被单核巨噬细胞系统的巨噬细胞所清除，小部分可在执行防御功能中被细菌或毒素所破坏，或经由唾液、尿、肺和胃肠黏膜被排除。

三、血小板

(一)血小板的形态与数量

哺乳动物的血小板很小，呈两面凸起的圆盘形或椭圆形。血小板是从骨髓中成熟的巨核细胞的胞浆裂解脱落下来的，具有生物活性的是生物质块。在血涂片上，其形状不规则，常成群分布于血细胞之间。在 Wright 染色的标本上，可见血小板周围部分染成浅蓝色，称透明区。中央部分有蓝紫色颗粒，称颗粒区。颗粒中贮存有吞噬颗粒 5-羟色胺(5-HT)、ADP 等。每升血液中血小板的数量如表 2-6 所示。

表 2-6　几种动物血液中血小板的数量　　$\times 10^9$/L

动物	数量	动物	数量
马	200～900	驴	400
牛	260～710	骆驼	367～790
绵羊	170～980	犬	199～577
山羊	310～1 020	猫	100～760
猪	130～450	兔	125～250

(二)血小板的生理特性

血小板的主要功能与其生理特性是密切相关的，现将血小板的生理特性分述如下：

(1)黏附　当血管内皮损伤而暴露胶原组织时，立即引起血小板的黏着，这一过程称为血小板黏附。血小板黏附有促血小板聚集和促血管收缩作用。

(2)聚集　血小板彼此之间互相黏附、聚合成团的过程，成为血小板聚集，它有利于血小板聚集于破损部位。

(3)释放反应　指血小板受刺激后，可将颗粒中的 ADP、5-羟色胺、儿茶酚胺、Ca^{2+}、血小板因子3(PF_3)等活性物质向外释放的过程。

(4)收缩　指血小板内的收缩蛋白发生的收缩过程。它可导致血凝块回缩、血栓硬化,有利于止血过程。

(5)吸附　血小板能吸附血浆中多种凝血因子于表面。血管一旦破损,大量血小板黏附、聚集于破损部位,破损局部凝血因子浓度则因此升高,促进并加速凝血过程。

(三)血小板的生理功能

血小板的主要功能是维持血管内皮的完整性,参与生理性止血和血液凝固过程。

1. 生理性止血

生理性止血是指当血小管受损,血液自血管内流出数分钟后,出现自行停止的过程。生理性止血主要包括3个过程:①受损伤局部的血管收缩。当小血管受损时,首先由于神经调节反射性引起局部血管收缩,继之血管因内皮细胞和黏附于损伤处的血小板释放缩血管物质(5-羟色胺、ADP、TXA_2、内皮素等),使血管进一步收缩封闭创口。②血栓的形成。血管内膜损伤,暴露内膜下组织,激活血小板,使血小板迅速黏附、聚集。形成松软的止血栓堵住伤口,实现初步止血。③纤维蛋白凝块形成。血小板血栓形成的同时,激活血管内的凝血系统,在局部形成血凝块,加固止血栓,起到有效止血作用。机体对大出血一般不能有效控制,如果是小血管出血,主要依靠血管收缩和形成纤维蛋白凝块而止血;如果是毛细血管出血,主要依靠血小板的修复而止血。

2. 参与凝血

血小板破裂后,对凝血过程有极强的促进作用。血小板中的血小板因子3(PF_3)是血小板膜上的磷脂,能将凝血因子Ⅸ、Ⅷ、Ⅹ、Ⅴ、Ⅱ、Ca^{2+}吸附于其表面,参与凝血过程;血小板因子2(PF_2)能促进纤维蛋白原转变为纤维蛋白单体;血小板因子4(PF_4)有抗肝素作用,从而有利于凝血酶生成和加速凝血。

3. 保持血管内皮的完整性

同位素电镜资料表明,血小板可以融合并进入血管内皮细胞,因而可能对保持内皮细胞完整或对内皮细胞修复有重要作用。如内皮细胞脱落,血小板能及时填补,促进内皮修复。当血小板减少时,血管脆性增加,可出现出血倾向。

知识点四　血液凝固与纤维蛋白溶解

机体在正常情况下,凝血、抗凝和纤维蛋白溶解过程经常处于动态平衡状态,相互配合,既有效地防止出血和渗血,又保证了血管内血流的畅通。

一、血液凝固

血液凝固是指血液由流动的液体状态转变为不流动的胶冻状凝块的过程。凝血过程是一个多因子参与的一系列酶促反应,可使血浆中呈溶胶状态的纤维蛋白原转变成为凝胶状态的纤维蛋白,最后呈丝状交错重叠,将血细胞网罗其中,成为胶冻样血凝块。动物偶尔受伤出血,凝血作用可避免失血过多,因此凝血也是机体的一种保护功能。

1. 凝血因子

血浆和组织中直接参与凝血的物质统称凝血因子，已发现的凝血因子有十几种，按照国际统一规定，依发现年代顺序以罗马数字命名，即因子Ⅰ、因子Ⅱ……直至因子XⅢ。其中因子Ⅵ并非独立成分，而是活化了的因子Ⅴ，因而删去。习惯上因子Ⅰ至因子Ⅳ不用数码代号，而直接称其某物质名称。各种凝血因子见表 2-7。

表 2-7 各种凝血因子

因子	同义名	合成部位	合成时是否需维生素 K	凝血过程中的作用
Ⅰ	纤维蛋白原	肝	不需	变为纤维蛋白
Ⅱ	凝血酶原	肝	需要	变为有活性的凝血酶
Ⅲ	组织凝血激酶	各种组织	不需	启动外源性凝血
Ⅳ	钙离子(Ca^{2+})	来自细胞外液	—	参与凝血的多步过程
Ⅴ	前加速素	肝	不需	调节蛋白
Ⅶ	前转变素	肝	需要	参与外源性凝血
Ⅷ	抗血友病因子	肝为主	不需	调节蛋白
Ⅸ	血浆凝血激酶	肝	需要	变为有活性的Ⅸ(Ⅸ→Ⅸa)
Ⅹ	Stuart-Prower 因子	肝	需要	变为有活性的Ⅹ(Ⅹ→Ⅹa)
Ⅺ	血浆凝血激酶前质	肝?	不需	变为有活性的Ⅺ(Ⅺ→Ⅺa)
Ⅻ	接触因子	未明确	不需	启动内源性凝血
XⅢ	纤维蛋白稳定因子	肝?	不需	不溶性纤维蛋白形成

在凝血因子中除因子Ⅳ和磷脂外，都是蛋白质；因子Ⅱ、Ⅶ、Ⅸ、Ⅹ、Ⅺ、Ⅻ都是蛋白酶，而且Ⅱ、Ⅸ、Ⅹ、Ⅺ、Ⅻ都以酶原形式存在于血液中，通过有限水解后成为有活性的酶，此过程称为激活。因子Ⅱ、Ⅶ、Ⅸ、Ⅹ在肝脏合成还需维生素 K 的参与，使肽链上某些谷氨酸残基的 γ 位羧化，以构成这些因子的 Ca^{2+} 结合部位。所以，缺乏维生素 K 将会引起出血。

2. 凝血过程

过程大体经历三个主要步骤：第一步为凝血酶原激活物的形成；第二步为凝血酶原激活物催化凝血酶原转变为凝血酶；第三步为凝血酶催化纤维蛋白原转变为纤维蛋白，至此血凝块形成。

第一步　凝血酶原激活物的形成
↓
第二步　凝血酶原——→凝血酶
↓
第三步　纤维蛋白原——→纤维蛋白

在上述三个步骤中，各种凝血因子相继参与，往往是前一个因子使后一个因子活化，而活化了的因子又作为下一个因子的激活因素，如此因果相应，构成连锁式复杂的酶促反应过程(图 2-3)。

(1)凝血酶原激活物的形成　凝血酶原激活物是由多种凝血因子参与的一系列化学反应而形成的。它的形成有内源性凝血和外源性凝血两种途径，前者指仅依赖血液中存在的

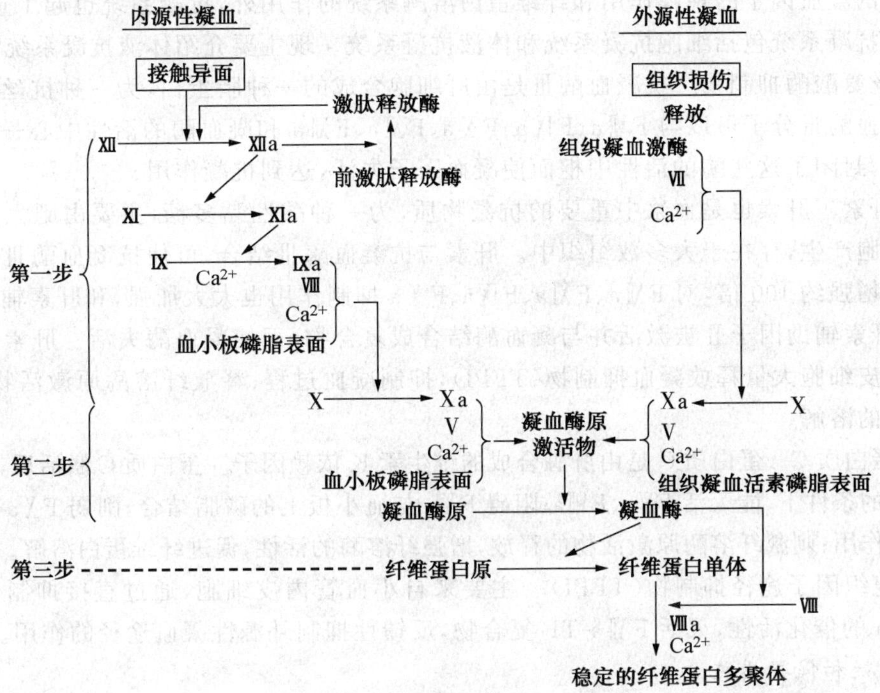

图 2-3　血液凝固过程示意图

（引自南京农业大学《家畜生理学》第 3 版）

各种凝血物质的作用，就能形成该种物质；后者途径是指该物质的形成除了血浆中的凝血因子以外，还需要组织损伤时释放的物质参与。

内源性凝血途径　指血管内皮受损时暴露出的胶原纤维与血浆中的无活性的接触因子Ⅻ相接触，将其活化成因子Ⅻa（活化型加“a”表示），即Ⅻ→Ⅻa，在 Ca^{2+} 存在下，Ⅻa 先后引起因子Ⅺ、Ⅸ、Ⅷ、Ⅹ和Ⅴ等连锁反应，最后在血小板磷脂（血小板第三因子，PF_3）上形成凝血酶原激活物。至此，完成可凝血过程三个主要步骤的第一步。据认为，血管受伤所暴露出的胶原纤维，因其带有的负电荷是激活因子Ⅻ所必需，所以凡具有负电荷的物质，例如玻璃、棉纱、金属和黏土等，也能激活因子Ⅻ。与其相反，细胞色素 C、溶菌酶等带正电荷物质，因能占据负电荷表面而抑制内源性凝血酶原激活物的形成。

外源性凝血途径　指由损伤组织释放的因子Ⅲ触发激活因子Ⅹ的过程，参与的因子有Ⅲ、Ⅶ、Ⅹ。Ⅹa 又与因子Ⅴ、血小板Ⅲ因子 PF_3（如和 Ca^{2+} 形成凝血酶原酶复合物），激活凝血酶原（因子Ⅱ）生成凝血酶（Ⅱa）。

凝血酶原激活物的形成之后的凝血过程完全相同，没有内源性和外源性之分。

（2）凝血酶原转变为凝血酶　正常的血浆中存在无活性的凝血酶原，在 Ca^{2+} 的参与下，凝血酶原激活物可将其催化成具有活性的凝血酶。

（3）纤维蛋白原转变为纤维蛋白　血浆中可溶性的纤维蛋白原，在凝血酶和 Ca^{2+} 的参与下转变为不溶性的纤维蛋白。凝血酶还能激活因子ⅩⅢ生成ⅩⅢa，ⅩⅢa 使胶冻态的纤维蛋白进一步形成牢固的、不溶于水的纤维蛋白多聚体，即不溶于水的血纤维。

3. 抗凝系统

血液在血管内能保持正常运行和防止血栓形成，除了血管内膜光滑完整、血液流动快对已被激活的凝血因子的稀释作用和纤维蛋白溶解系统的作用外,抗凝系统也起了重要作用。现已证明抗凝系统包括细胞抗凝系统和体液抗凝系统。现主要介绍体液抗凝系统:

(1)丝氨酸酶抑制物　抗凝血酶Ⅲ是由肝细胞合成的一种脂蛋白,为一种抗丝氨酸蛋白酶。抗凝血酶Ⅲ分子可以与FⅦa、FⅨa、FⅩa、FⅪa、FⅫa和凝血酶的活性中心——丝氨酸残基结合,封闭了这些酶的活性中枢而使凝血因子失活,达到抗凝作用。

(2)肝素　肝素也是血浆中重要的抗凝物质,为一种酸性黏多糖,主要由肥大细胞和嗜碱性粒细胞产生,存在于大多数组织中。肝素与抗凝血酶Ⅲ结合,可使抗凝血酶Ⅲ和凝血酶的亲和力增强约100倍,对FⅫa、FⅪa、FⅨa、FⅩa抑制作用也大大加强,和肝素辅助因子Ⅱ结合后,肝素辅助因子Ⅱ被激活并与凝血酶结合成复合物,而使凝血酶失活。肝素还可以刺激血管内皮细胞大量释放凝血抑制物(TFPI),抑制凝血过程;释放纤溶酶原激活物,增强对纤维蛋白的溶解。

(3)蛋白质C　蛋白质C是由肝脏合成的维生素K依赖因子。蛋白质C激活后,在磷脂和Ca^{2+}存在的条件下,能灭活FⅤa、FⅧa;阻碍FⅩa与血小板上的磷脂结合,削弱FⅩa对凝血酶原的激活作用;刺激纤溶酶原激活物的释放,增强纤溶酶的活性,促进纤维蛋白溶解。

(4)组织因子途径抑制物(TFPI)　主要来自小血管内皮细胞,通过直接抑制体液抗凝系统FⅩa的催化活性,灭活FⅦa-TF复合物,反馈性抑制外源性凝血途径的作用。

4. 抗凝和促凝措施

在实际工作中,常采取一些措施促进凝血过程(减少出血、提取血清时)或防止、延缓凝血过程(如避免血栓形成、获取血浆等)。

(1)抗凝或延缓凝血的常用方法

①去除血中钙离子。在凝血的三个阶段中,Ca^{2+}都是必需的。只要设法除去血浆中的钙离子就能制止凝血。如加草酸钾、草酸铵等,则与血浆中Ca^{2+}结合成不易溶解的草酸钙,为化验时所常用;柠檬酸钠可与血浆中Ca^{2+}结合成不易电离的可溶性络合物,叫作柠檬酸钠钙。

②低温延缓血凝。血液凝固主要是一系列酶促反应,而酶的活性受温度影响较大,把血液置于较低温度下因降低酶促反应速度而能延缓凝固。另外低温措施还能增强抗凝剂的效能。例如,在室温条件下,1 mg肝素钠(约含140 IU)可使300～500 mL血液保持4 h不凝固,而在0℃条件下同量肝素钠的抗凝效果可增大10倍以上。

③将血液置于特别光滑的容器内或预先涂有石蜡的器皿内,可以减少血小板的破坏,延缓血凝。

④使用肝素。肝素在体内和体外都具有抗凝作用(见肝素抗凝作用)。

⑤使用双香豆素。由于双香豆素的主要结构与维生素K很相似,其作用与维生素K相对抗,它可阻止Ⅹ、Ⅸ、Ⅶ和Ⅱ因子在肝内合成,故注射于循环血液后能延缓血凝。

⑥搅拌。若将流入容器内的血液,迅速用木棒搅拌,或容器内放置玻璃球加以摇晃,由于血小板迅速破裂等原因,加快了纤维蛋白的形成,并使形成的纤维蛋白附着在木棒或玻璃球上。这种去掉纤维蛋白原的血液叫作脱纤血,不再凝固。

此外,水蛭素也具有抗凝血酶的作用。皮肤被水蛭叮咬时,常因有水蛭素的存在,出血不易凝固。

(2)加速凝血的方法

①血液加温能提高酶的活性，加速凝血反应。接触粗糙面，可促进凝血因子Ⅻ的活化。促使血小板解体释放凝血因子，最后形成凝血酶原酶复合物。

②维生素 K 对出血性疾病具有加速血凝和止血的作用，是临诊常用的止血剂。肝脏在合成凝血酶原的过程中，首先合成凝血酶原的前体。在有充足维生素 K 存在时，凝血酶原的前体在肝脏进一步转化成凝血酶原，并释放入血。维生素 K 还可促进凝血因子Ⅶ、Ⅸ、Ⅹ在肝脏合成，而间接发挥止血作用。

二、纤维蛋白溶解

凝血过程形成的纤维蛋白及血管创伤愈合后的血栓的血纤维都能被液化发生溶解，这一过程称为纤维蛋白溶解，简称纤溶。参与纤溶的物质有纤溶酶原、纤溶酶以及激活物和抑制物等，总称纤维蛋白溶解系统，简称纤溶系统。纤溶系统的基本过程大致可分为两个阶段进行(图 2-4)。

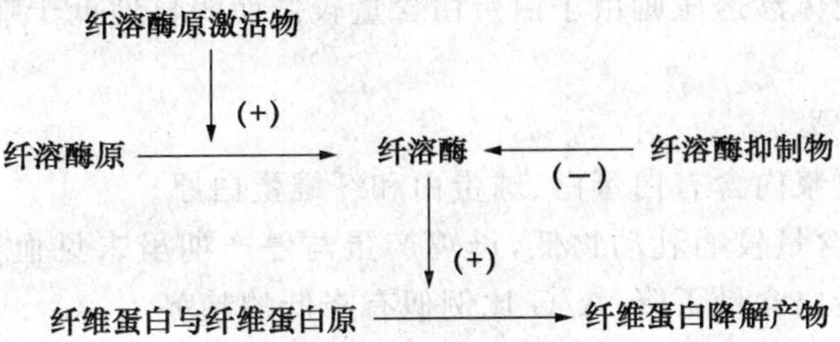

图 2-4　纤维蛋白溶解系统

(＋)促进作用　(－)抑制作用

1. 纤溶酶原的激活阶段

纤溶酶原主要在肝脏、骨髓、肾脏和嗜酸性粒细胞等处合成。其激活物主要有三类：①血管激活物，在小血管内皮细胞中合成后释放于血中。②组织激活物，存在于很多组织中。由血管内皮细胞和各种组织合成的组织型纤维溶酶原激活物活性很强。这两类激活物均属外源性激活途径，它们可以防止血栓形成，在组织修复、伤口愈合中发挥作用。③凝血因子 FⅫa、激肽释放酶，属于内源性激活途径。

2. 纤维蛋白(与纤维蛋白原)的降解

纤维蛋白原除可被凝血酶水解外，还可被纤溶酶降解，二者的机制不同。纤溶酶通过使纤维蛋白及纤维蛋白原中的赖氨酸—精氨酸键裂解，逐步将整个纤维蛋白或纤维蛋白原分子分割成可溶性小肽，称为纤维蛋白降解产物。这些降解产物通常不再凝固，相反，其中一部分还有抗凝作用。

正常情况下，血管表面经常有低水平的纤溶活动和低水平的凝血过程，凝血与纤溶是对立统一的两个系统，当它们之间的平衡遭到破坏，将会导致纤维蛋白形成过多或不足，而引起血栓形成或出血性疾病。

3. 纤溶抑制物及其作用

动物体内还存在许多物质能抑制纤溶系统的活性，如由内皮细胞及血小板分泌的纤溶酶原激活物的抑制剂-1，它能抑制组织型纤溶酶原激活物和尿激酶。补体 C_1 抑制物可灭活激肽释放酶和 FⅦa，阻止尿激酶原的活化。另外还有 α_2-抗纤溶酶、α_2-巨球蛋白、蛋白酶 C

抑制物等都能抑制纤溶系统。事实上，这些抑制物既能抑制纤溶，又能抑制凝血，这对于凝血和纤溶局限在创伤局部有重要意义。

知识点五　禽类血液特点

一、血液理化特性

1. 黏滞度、相对密度和渗透压

全血的黏滞度公鸡为3.67，母鸡为3.08，阉鸡为2.47，鸭为4.0，鹅为4.6；相对密度为1.045～1.060，有明显的性别差异。血液的总渗透压相当于0.93%的氯化钠溶液，与哺乳动物相似，但是血浆的胶体渗透压则由于白蛋白含量较低而明显地低于哺乳动物，仅1.50 kPa左右。

2. 血液的化学组成

(1)血浆蛋白　血浆内含有白蛋白、球蛋白和纤维蛋白原。

禽类的血浆蛋白含量较哺乳动物低，母鸡产蛋与停产期虽未见血浆蛋白总量有显著差别，但停产期由于白蛋白含量下降，A/G比例似有降低的趋势。

(2)血浆的非蛋白质含氮物(NPN)　禽类血浆的NPN含量与哺乳动物相似，每100 mL血浆平均为20～30 mg。但是成分有很大的区别，禽类主要是氨基氮(8～9 mg)和尿酸氮(1.5～5.5 mg)，尿素氮含量很低(0.4～1.2 mg)，几乎没有肌酸。在哺乳动物，尿素和肌酸都是NPN的主要成分(尿素氮10～20 mg，肌酸氮1～2 mg)。

(3)血糖　禽类血液中糖类与哺乳动物相同，也是*D*-葡萄糖，但血糖的水平较高，平均每100 mL血液可达230～300 mg。

(4)血脂　禽类血浆内的总脂肪含量因生理和营养状态变动为450～1 600 mg，产蛋的母鸡较公鸡、停产母鸡和雏鸡显著增高。

(5)无机盐　与哺乳动物比较，禽类血浆中含有较多的钾和较少的钠，血浆的总钙含量，与哺乳动物相似，但产蛋的雌禽较雄禽和未成熟的雌禽要高2～3倍。

二、血细胞

禽类的血细胞分为红细胞、白细胞和凝血细胞三种。

(1)红细胞　禽类的红细胞有核，呈椭圆形，大小为(10.7～15.8) μm×(6.1～10.2) μm，较哺乳动物的大，数量则较少。几种家禽血液中红细胞数和血红蛋白含量的正常值如表2-8所示。

母鸡血液中红细胞压积约为30%。

红细胞在骨髓内生成的过程与哺乳动物相类似，不过禽类的红细胞继续保留核。禽类的红细胞生成素具有种属特异性，与哺乳动物不能交互替代。

禽类红细胞在循环血液中的生存期较短，一般为30～45 d，鸡为42 d，鸽为35～45 d。

表 2-8　家禽血液红细胞和血红蛋白的正常值

禽类	性别	红细胞数/($\times 10^4$/mm^3)	血红蛋白/(g/100 mL)
鸡	公	380	11.76
	母	300	9.11
鸭(北京)	公	271	14.2
	母	246	12.7
鹅		271	14.9
鸽	公	400	15.97
	母	307	14.72
火鸡	公	224	12.5～14.0
	母	237	13.2

(2)白细胞　禽类的白细胞可分为五种类型，即异嗜性粒细胞、嗜酸性粒细胞、嗜碱性粒细胞、淋巴细胞以及单核细胞。白细胞的总数在大多数禽类为 2 万～3 万/mm^3，其中淋巴细胞的比例较高，达 40%～70%；其次为异嗜性粒细胞，达 20%～50%(表 2-9)。幼雏较成年鸡的白细胞总数低，异嗜性粒细胞和嗜碱性粒细胞的比例较高，但性别的差异并不显著。应激状态或者注射促肾上腺皮质激素(ACTH)或肾上腺皮质激素，均会引起异嗜性粒细胞显著增加和淋巴细胞减少，而在哺乳动物则引起嗜酸性粒细胞降低。

表 2-9　禽类血液白细胞的总数和分类比例

禽类		数量/(个/mm^3)	分类				
			淋巴细胞	异嗜性粒细胞	嗜酸性粒细胞	嗜碱性粒细胞	单核细胞
鸡	公	16 600	64.0	25.8	1.4	2.4	6.4
	母	29 400	76.1	13.3	2.5	2.4	5.7
鸭(北京)	公	24 000	31.0	52.0	9.9	3.1	3.7
	母	26 000	47.0	32.0	10.2	3.3	6.9
鹅		18 200	36.2	50.0	4.0	2.2	8.0
鸽		13 000	65.6	23.0	2.2	2.6	6.6

(3)凝血细胞　禽类的凝血细胞大小和形状差异较大，典型的凝血细胞呈卵圆形，大小为(3.9～5.9) μm×(8.1～10.0) μm。在清晰的细胞浆中央有一个圆形的核，在细胞的一端有 2～3 个嗜酸性染色小颗粒。一般认为凝血细胞与血小板相似，参与血液的凝固过程。

血中凝血细胞的数量鸡约为 26 000 个/mm^3，鸭约为 30 700 个/mm^3。

禽类的凝血细胞由凝血原细胞发育而来。

三、血液凝固

参与禽类血液凝固过程的因子与哺乳动物相同，凝血过程和机理似乎也无重大的差异。但是鸡血液中凝血因子Ⅴ和Ⅶ可能很低甚至缺乏，血液的凝固似乎主要取决于组织损伤引起组织凝血致活酶释放的外源性凝血系统。

禽类血液凝固较为迅速。全血的凝固时间为 2～10 min，平均为 4.5 min。

复习思考

1. 内环境稳定有何生理意义？
2. 研究血浆渗透压有何临床意义？
3. 实际工作中有哪些抗凝和促凝措施？
4. 白细胞有哪些防御功能？

Project 3

认知循环生理

学习目标

理解心动周期、心输出量、血压、脉搏等基本概念；

理解心肌的生理特性；

掌握血压形成的机理和调节；

掌握心血管活动的调节；

能熟练听取家畜的正常心音和检查动脉脉搏；

能利用循环生理知识解释临床血液循环障碍的发病机理。

循环系统由心脏和血管组成。心脏是推动血液流动的动力器官。血管是血液流动的管道,包括动脉、毛细血管、静脉,它们起着运输血液、分配血液及物质交换的作用。血液在循环系统中按一定方向周而复始地流动,称为血液循环。

血液循环的生理功能:①完成体内的物质运输,向全身各组织器官供应各种营养物质,带走代谢终产物,维持机体新陈代谢的正常进行;②体内各内分泌腺分泌的激素或其他体液因素,通过血液循环作用于相应的靶细胞,实现机体的体液调节;③机体内环境稳态的维持和血液防御功能的实现,都有赖于血液循环。

知识点一　心脏的泵血功能

一、心动周期

心脏每收缩和舒张一次,构成一个心脏的机械活动周期,称为心动周期。心脏每一心腔的心动周期均包括收缩期和舒张期,但左右心房或左右心室都是同步收缩。在一个心动周期中,首先是两心房同时收缩,继而两心房舒张。当心房开始舒张时两心室同步收缩,两心室收缩的持续时间要长于心房。然后心室开始舒张,此时心房仍处于收缩后的舒张状态,即心房和心室处于共同舒张状态。接着两心房又开始收缩进入下一个心动周期。因此,一个心动周期中可顺序出现三个时期,即心房收缩期、心室收缩期和心房心室共同舒张期(也称全心舒张期)。心动周期时程的长短与心率有关。如心率为 75 次/min,则每个心动周期历时 0.8 s,其中心房收缩期 0.1 s,舒张期 0.7 s;心室收缩期 0.3 s,舒张期 0.5 s(图 3-1)。在一个心动周期中,不论是心房还是心室,其舒张期均长于收缩期。从全心分析,全心舒张期占半个心动周期。舒张期心肌耗能较少,有利于心脏休息,能够有效地补充消耗和排出代谢产物。这是心肌能够不断活动而不发生疲劳的根本原因。全心舒张期占心动周期总时间的 50%,这样就保证了心脏有充足的时间让静脉血回流和充盈心室,充盈足够量的血液才能保证正常的射血量。由于心脏泵血推动血液流动主要是依靠心室的收缩和舒张,心房的舒缩活动处于辅助地位,故习惯上把心室的收缩期和舒张期分别称为心缩期和心舒期。心动周期的持续时间与心率关系密切,心率越快,心动周期越短,收缩期和舒张期均相应缩短,但舒张期缩短更显著。因此,当心率过快时,心脏工作时间明显延长,而休息及充盈的时间明显缩短,使心脏泵血功能减弱。

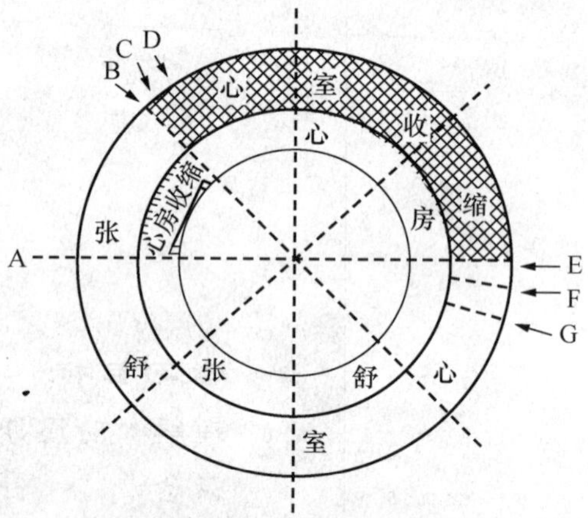

图 3-1　心动周期中心房、心室活动顺序与时间的关系

二、心率

动物在安静状态下单位时间内心脏搏动的次数称为心跳频率，简称心率。心率可因动物种类、年龄、性别以及其他生理情况而不同。幼龄动物心率快，随年龄的增长而逐渐减慢；雄性动物心率比雌性动物稍快；禽类比家畜的快（表 3-1）。同一个体在安静或睡眠时心率慢，而在运动或应激时心率加快。

表 3-1　各种畜禽心率的正常变异范围　　次/min

动物	心率	动物	心率
骆驼	25～40	猪	60～80
马	28～42	犬	80～130
奶牛	60～80	猫	110～130
公牛	30～60	兔	120～150
山羊、绵羊	60～80	鸡、火鸡	300～400

三、心脏泵血过程

每一个心动周期心脏向血管射血一次。射血过程的完成与心房、心室不同时期的腔内压变化、瓣膜开闭及血流情况息息相关。通常将一个心动周期中心脏射血过程划分为以下几个时期：

（1）心房收缩期　此期正处于全心舒张期末，心室的压力低于心房的压力，房室瓣仍处于开放状态，所以心房收缩时，房内压升高，血液便通过开放的房室瓣进入心室，使心室血液更充盈。

（2）心室收缩期　心房收缩后，心室即开始收缩，室内压逐渐升高，当超过心房内压时，房室瓣关闭，使血液不能逆流回心房。这时，心室内压仍低于动脉内压，半月瓣处于闭合状态，心室成为一个密闭的腔体，尽管心室肌强烈收缩，室内压迅速上升，但血液是不可压缩的，所以心室容积不变，称为等容收缩期。随着室内压继续升高，当超过主动脉和肺动脉内压时，血液冲开动脉瓣，迅速射入主动脉和肺动脉内，称为射血期。心室收缩时，心房已处于舒张期，可吸引静脉血液流入心房。

（3）心室舒张期　心室开始舒张，室内压急剧下降，低于动脉内压时，动脉瓣立即关闭，防止血液逆流回心室。此时心室内压仍然高于心房内压，房室瓣仍处于关闭状态，心室又成为一个密闭的腔，称为等容舒张期。然后心室内压继续下降至低于房内压时，房室瓣开放，吸引心房血液流入心室，称为充盈期。此期为下一个心动周期做准备。

四、心音

（一）心音概念

在心动周期中，由于心瓣膜的关闭，心肌收缩引起血流振荡而产生的声音称为心音，可在胸壁的一定部位听到“通—塔”两个性质不同的声音，分别叫第一心音和第二心音（图 3-2）。

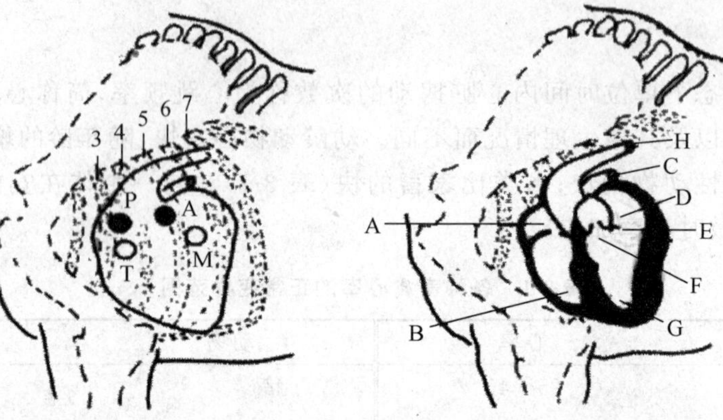

图 3-2 马心音最佳听诊部位,第 3 至第 7 肋骨(3～7)

左图:P. 肺动脉瓣 A. 主动脉瓣 T. 三尖瓣 M. 二尖瓣

右图:A. 右心房 B. 右心室 C. 肺动脉 D. 左心房

E. 二尖瓣 F. 主动脉瓣 G. 左心室 H. 主动脉

(二)心音的特点与产生的原因

第一心音出现于心室收缩期,又叫心缩音,其特点为音调低而持续时间长,它是由于房室瓣关闭,瓣膜腱索颤动以及血流冲击主动脉壁和肺动脉壁而产生的声音。第二心音发生于心室舒张期,又叫心舒音,其特点为音调高而持续时间短,主要是由于主动脉瓣和肺动脉瓣的关闭以及动脉内血液倒流冲击大动脉根部所形成的。

第一心音和第二心音的间隔时间短,而第二心音与下一次心动周期的第一心音之间的间隔时间长,即发生于短心音之后的是第一心音,发生于长心音之后的为第二心音。但当心率超过 80 次/min 时,两者间隔时间几乎相等。

知识链接

心音的改变

当心血管结构或功能发生改变时,心音会随之发生改变,甚至产生心杂音。如心室肌肥厚时,心室收缩力增强,第一心音增强;心肌炎时,心室收缩力量减弱,第一心音减弱;房室瓣闭锁不全和动脉口狭窄有收缩期杂音;房室瓣口狭窄和动脉瓣闭锁不全有舒张期杂音;血压升高时,第二心音显著增强;心包炎时,出现心包摩擦音或心包拍水音。

五、心输出量及其影响因素

(一)每搏输出量和每分输出量

心脏收缩时,从左右心室射进动脉的血量基本上是相等的。每一心动周期中,从一侧心室收缩时射进动脉的血液量叫每搏输出量。相当于心室舒张期末容量与收缩期末容量之差。每个心室每分钟射进动脉的血液总量称为每分输出量。一般所说的心输出量都是指每分输出量而言。它是衡量心脏功能的一项重要指标。每分输出量大致等于每搏输出量和心率的乘积,即心输出量=每搏输出量×心率。

正常情况下，每一心动周期中，心室收缩时并不能将心室内的全部血液射入动脉。生理学上将每搏输出量占心舒末期容积的百分比称为射血分数。通常射血分数为55%～65%。当加强收缩时，射血分数可达到85%以上。

心输出量随着机体新陈代谢的强度而改变。新陈代谢增强时，心输出量也会相应增加。如食后进行消化活动时，心输出量可比安静时明显增加，妊娠后期的心输出量可增加45%～85%。心脏这种通过增加心输出量来适应机体需要的能力，叫作心脏的储备力。当心脏的储备力发挥最大限度后，仍不能适应机体的需要时，即发生心力衰竭。

(二)影响心输出量的主要因素

心输出量的大小取决于心率和每搏输出量，而每搏输出量的大小主要受静脉回流量和心室肌收缩力的影响。

1. 静脉回流量

实验证实，心肌的收缩力量决定于心肌收缩前的肌纤维长度，也就是心室舒张末期的容积。在一定范围内，心室舒张末期的容积越大，心室肌的收缩力量就越强，每搏输出量越多。因此凡是影响心室舒张末期容积的因素都会影响每搏输出量。在这些因素中，最主要的是静脉回流量。当静脉回心血量增加时，心室容积相应增大，收缩力加强，每搏输出量就增多。反之，静脉回心血量减少，每搏输出量也减少。所以在一定范围内，每搏输出量是与心室舒张时从静脉流回心脏的血量维持动态平衡的。心肌的这种特性是心脏本身进行自身调节的表现。

心脏的自身调节机制是维持左、右心室输出量相等的最重要的机制。如果由于某种原因，右心室突然比左心室输出更多的血液，则流入左心室的血量增加，左心室心舒容积增加，也就会自动地相应增加左心室的输出，使流入肺循环和体循环的血量相等。心脏自身调节的生理意义在于对搏出量进行精细的调节。当某些情况(如体位改变)使静脉回流突然增加或减少，或左、右心室搏出量不平衡等情况下所出现的充盈量的微小变化，都可以通过自身凋节来改变搏出量，使之与充盈量达到新的平衡。

2. 心室肌的收缩力

在静脉回流量和心舒末期容积不变的情况下，心肌可以在神经系统和各种体液因素的调节下，改变收缩力量。例如，动物在使役、运动和应激时，搏出量成倍地增加，而此时心脏舒张期容量或动脉血压并增大不明显，即此时心脏收缩强度和速度的变化并不主要依赖于静脉回流量的改变，而是在交感—肾上腺素的调节下，心肌的收缩力增强，使心舒末期的体积比正常时进一步缩小，减少心室的残余量，从而使搏出量明显增加。

3. 心率

心率是决定心输出量的另一基本因素，在一定范围内与心输出量呈正相关，即心输出量随心率加快而增大。但心率过快会使心动周期的时间缩短，特别是舒张期的时间缩短。这样就能造成心室在还没有被血液完全充盈的条件下进行收缩，结果每搏输出量减少。此外，心率过快会使心脏过度消耗供能物质，从而使心肌收缩力降低。所以，动物心力衰竭时，尽管心率增快，但并不能增加心输出量而使循环功能好转。经过良好训练的家畜，主要依靠增加每搏输出量的方式来提高心输出量；而没有经过充分锻炼的家畜常依靠增加心率来提高心输出量。

知识点二　心肌的生物电现象及生理特性

一、心肌的生物电现象

心肌细胞可分为两大类：一类是构成心房和心室的普通心肌细胞，这类心肌细胞富含肌原纤维，主要功能是收缩做功，提供心泵活动的动力，称为收缩细胞或工作细胞；另一类是特殊分化的心肌细胞，它们缺乏收缩能力，但具有产生自动节律性兴奋的能力，称为自律细胞。由它们构成心传导系统，完成兴奋的传导功能。心肌细胞与其他电兴奋细胞（神经细胞、骨骼肌细胞等）一样，生物电活动是细胞兴奋的标志。

（一）工作细胞的静息电位

以心室肌为例，哺乳动物的心室肌，其静息电位约为－90 mV，在无外来刺激时，此静息电位能持续维持于稳定水平。

工作细胞静息电位的形成机制与神经和骨骼肌相同，即在静息状态下，细胞膜对K^+的通透性较高，对其他离子通透性很低，因此K^+顺浓度梯度向膜外扩散是形成工作细胞静息电位的基础。

（二）工作细胞的动作电位

心室肌细胞动作电位的特征是复极化过程较复杂，持续时间较长，动作电位的升支和降支不对称。一般将工作细胞动作电位去极化和复极化过程综合分成 0、1、2、3、4 五个时期（图 3-3）。

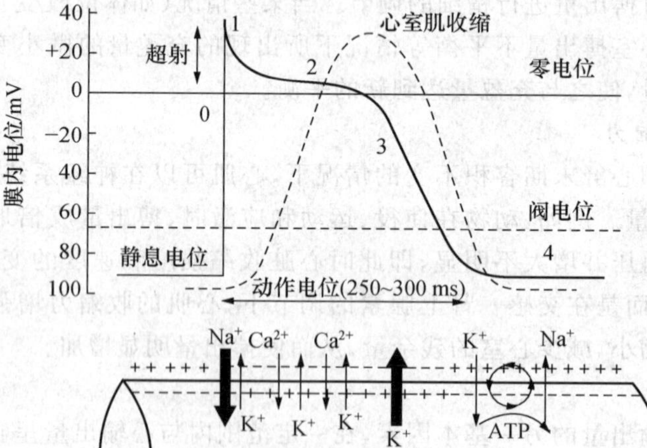

图 3-3　心室肌的生物电活动，收缩与离子转运示意图

（引自南京农业大学《家畜生理学》第 3 版）

（1）0 期（去极化过程）　在适宜的刺激作用下，膜内电位由－90 mV 迅速上升到＋30 mV左右，即膜两侧由原来的极化状态，变成反极化状态（超射），构成动作电位的上升支，历时仅 1～2 ms。0 期形成的机制是在刺激作用下，细胞膜上的钠通道部分开放，少量 Na^+ 内流，使膜部分去极化；当去极化达到阈电位水平（－70 mV）时，大量快钠通道被激活，Na^+ 迅速内流，膜内电位急剧上升，直到 Na^+ 平衡电位，此时钠通道已失活关闭。

（2）1 期（快速复极化初期） 动作电位达到峰值后，出现一快速而短暂的复极化，膜内电位迅速降到 0 mV 左右，称为 1 期，历时 10 ms。0 期和 1 期构成峰电位。1 期形成的原因是一种以 K^+ 为主要离子成分的一过性外向电流。

（3）2 期（平台期或缓慢复极化期） 膜内电位降到 0 mV 左右时，复极化过程变得非常缓慢，膜电位基本停滞于接近 0 mV 的水平，历时 100～150 ms，在动作电位的曲线上形成坡度很小的平台。平台期的形成是由于膜上的慢钙通道于去极化到－40 mV 时被激活，Ca^{2+} 缓慢持久地内流，抵消了复极化过程中 K^+ 外流的作用。因而膜电位处于缓慢下降的状态，使复极化过程明显延长。这是心肌细胞生物电的主要特征之一。

（4）3 期（快速复极末期） 平台期后，复极化速度加快，膜内侧电位迅速下降到－90 mV，形成快速复极化末期，历时 100～150 ms。因为此时，钙通道已失活，K^+ 大量外流，复极化过程快速完成。

（5）4 期（静息期） 3 期后，膜内侧电位恢复并稳定于静息电位水平。但膜内外离子的分布尚未恢复，此时钠泵活动增强，将动作电位期间进入细胞内的 Na^+ 泵出细胞，将流出细胞外的 K^+ 泵入细胞，进入细胞的 Ca^{2+} 也主动转运至细胞外。这样，细胞内外离子浓度恢复至原先水平，以保持细胞正常的兴奋性，为下一次兴奋做好准备。

从上述过程不难看出，与神经细胞和骨骼肌细胞比较，心室肌细胞动作电位的主要特征是慢钙通道开放，Ca^{2+} 缓慢内流而形成的平台期，这就使其复极化过程明显减慢。

二、心肌细胞的生理特性

心肌细胞生理特性包括自律性、兴奋性、传导性和收缩性，其中自律性、兴奋性和传导性是在心肌细胞生物电活动的基础上形成的，属于心肌的电生理特性，而收缩性则属于心肌细胞的机械特性。

（一）心肌细胞的自律性

心肌细胞在无外来刺激的情况下，能自动发生节律性兴奋的特性，称为自动节律性，简称自律性。单位时间内自动产生兴奋的次数是衡量自律性高低的指标。生理情况下，心肌的自律性来源于心脏特殊传导系统的自律细胞，病理情况下，非自律细胞的心房肌或心室肌也可能表现自律性。

心脏特殊传导系统的自律细胞均具有自律性，但各个部分的自律性，在量上有等级差别，其中窦房结细胞的自律性最高，房室交界和房室束及其分支次之，心肌传导细胞的自律性最低。在无神经支配的情况下，窦房结的兴奋节律可达 100 次/min，通常在整体内由于迷走神经的抑制作用，其自律性 70 次/min 左右，房室交界处自律性约 50 次/min，而心肌传导细胞的自律性只有 25 次/min。由于窦房结自律性最高，它产生的节律性冲动按一定顺序传播，引起其他部位的自律组织和心房、心室肌细胞兴奋，产生与窦房结一致的自律性，因此窦房结是心脏的正常起搏点。其他自律组织的自律性较低，通常处于窦房结的控制之下，其本身的自律性并不表现，只起传导兴奋的作用，故称为潜在起搏点。在异常情况下，如窦房结功能降低，或窦房结的兴奋下传受阻（传导阻滞），此时潜在起搏点则可取代窦房结的功能而表现自律性，以维持心脏的兴奋和搏动，这时的潜在起搏点就称为异位起搏点，其表现的心搏节律称为异位节律。而以窦房结为起搏点的心脏节律性活动，称为窦性心律。

(二)心肌细胞的兴奋性

各类心肌细胞均为可兴奋细胞，具有兴奋性。衡量心肌细胞兴奋性高低，可用刺激阈表示。阈值大小决定于静息电位(或舒张期最大电位)与阈电位之间的电位差。两者间差距小，引发心肌兴奋所需刺激强度也小，表示心肌兴奋性高；反之，差距大，产生的兴奋所需阈值也大，表示兴奋性低。

1. 心肌兴奋时其周期性的变化

心肌细胞和其他可兴奋细胞一样，发生一次兴奋后，兴奋性也要经历各个时期的变化之后才恢复正常。心肌细胞兴奋性的重要特点之一在于有效不应期特别长。

(1)绝对不应期和有效不应期

心肌细胞从去极化开始至复极化到约－55 mV，相当于动作电位的0、1、2期和3期的初段，为绝对不应期(ARP)。此期间，钠通道处于失活状态，细胞兴奋性为零，施以任何强大的刺激均不发生反应。在膜电位从－55 mV复极化到－60 mV期间，钠通道开始复活，此时给予足够强度的刺激可引起局部反应，但不能引起动作电位。此期和绝对不应期合称有效不应期(ERP)，即对任何刺激均不能产生动作电位的时期。在有效不应期内，心肌细胞是不可能发生兴奋和收缩的(图3-4)。

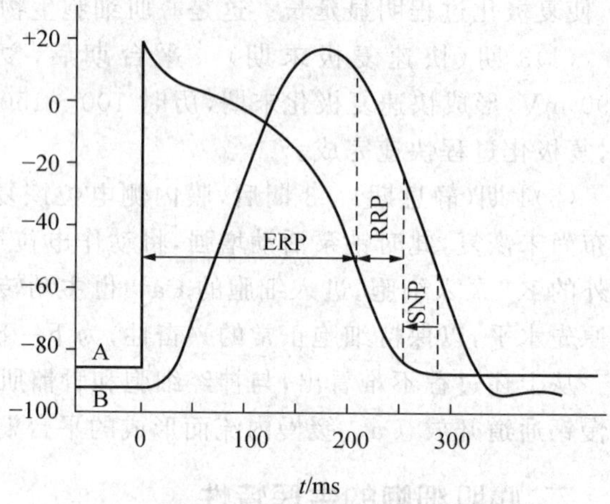

图3-4 心室肌动作电位期间兴奋性的变化及其与机械收缩的关系

A. 动作电位 B. 机械收缩 ERP. 有效不应期 RRP. 相对不应期 SNP. 超常期

(2)相对不应期 膜电位复极化从－60 mV到－80 mV，这一期间为相对不应期(RRP)。在此期内钠通道活性逐渐恢复，但开放能力尚未达到正常状态。细胞的兴奋性虽比有效不应期有所恢复，但仍低于正常，施以阈上刺激方可引起细胞兴奋，而且此时动作电位去极化的速度和幅度均小于正常，兴奋的传导速度也比较慢。

(3)超常期 复极化从－80 mV到－90 mV期间为超常期(SNP)。在此期内钠通道已基本恢复到备用状态。由于膜电位在－80 mV至－90 mV之间，与阈电位之间的差距小于正常，容易产生兴奋，因而细胞兴奋性高于正常，此时小于阈值的刺激即可引起细胞兴奋，故称超常期。此时，动作电位去极化的速度和幅度也都小于正常，兴奋传导的速度也较慢。

最后，复极化完毕，膜电位恢复至正常水平，细胞的兴奋性也恢复正常。

2. 期前收缩和代偿性间歇

引发心搏动的兴奋来自窦房结，在两次窦房结兴奋之间，给予心室肌一次额外刺激，是否能引起兴奋，就要看这次刺激的时间是在前一次窦房结传来兴奋的有效不应期之内，还是之后。如在有效不应期之内，则不能引起兴奋；如在有效不应期之后，就可能引发一次兴奋和收缩。由于它发生在下一个心动周期的窦房结节律性兴奋传来之前，故称之为期前兴奋和期前收缩，亦称早搏。期前兴奋同样有较长的有效不应期，随后一次来自窦房结的节律性兴奋往往会落在期前兴奋的有效不应期内而失去作用，形成一次“脱失”。必须到下一次窦房结的节律性兴奋传来时才能引起心室的兴奋和收缩。因此，在一次期前收缩之后往往有一段较长的心舒期，称为代偿间歇（图 3-5）。代偿间歇，恰好补偿上一个额外收缩所缺的间歇期时间，以保证心脏有充足的补偿氧和营养物的时间，而不致发生疲劳。代偿间歇后的收缩往往比正常收缩强而有力。

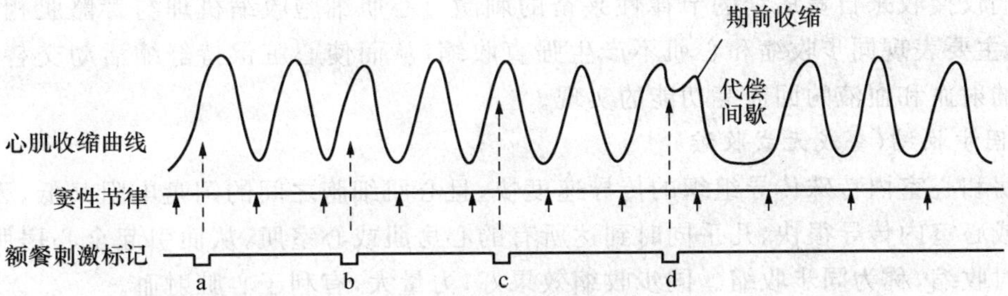

图 3-5　期前收缩与代偿间歇

刺激 a、b、c 落在有效不应期内不起反应；刺激 d 落在相对不应期内，引起期前收缩与代偿间歇

（三）心肌细胞的传导性

心肌细胞传导兴奋的能力，可用动作电位沿细胞膜传导的速度来衡量。心肌细胞之间兴奋的扩布，也是通过局部电流实现的。由于心肌细胞间存在的闰盘结构，属于低电阻的缝隙连接，局部电流极易通过，因此心肌组织俨然成为一个功能合胞体。

1. 心脏内兴奋传导的途径

心脏特殊传导系统具有起搏和传导兴奋的功能。窦房结位于上腔静脉和右心房的连接处，是心脏兴奋的起搏点，正常生理情况下，由窦房结发出的兴奋可以按一定途径传播到心脏各部，顺次引起整个心脏中的全部心肌细胞进入兴奋状态。归纳心脏的兴奋传导途径如下：窦房结→心房肌→房室交界→房室束及左右束支→心肌传导细胞→心室肌。

2. 心脏内兴奋传导的特点

心脏各部位的心肌细胞，其传导性能并不相同，故兴奋在各部位的传导速度也不相等，具有快—慢—快的特点。兴奋从窦房结开始传导到心室外表面为止，整个心内传导时间约为 0.22 s，其中心房内传导约需 0.06 s，房室交界处传导占时约 0.1 s，心室内传导约需 0.06 s。由此可见，房室交界处兴奋传导速度较慢，延搁的时间较长，称为房—室延搁。这一传导延搁，使心房和心室不会同时兴奋，心房兴奋收缩后，才开始心室收缩。这对于保证心房、心室顺序活动和心室有足够充盈血液的时间，有重要生理意义。

心房内和心室内兴奋传导的速度较快，其生理意义是使兴奋几乎同时传到所有的心房肌或心室肌，从而保证心房或心室几乎同时发生收缩（同步收缩），同步收缩效果好，力量大，有利于实现泵血功能。

3. 影响心肌传导性的因素

心肌细胞直径：细胞直径与电阻呈负相关，即细胞直径愈小，电阻愈大，兴奋传导速度也就愈慢。浦肯野氏细胞直径最大，兴奋传导速度最快；房室交界，尤其是房室结的结区细胞直径最小，所以传导速度最慢，因之有房—室延搁现象。

动作电位 0 期去极化的速度和幅度:0 期去极化幅度愈大,与邻近未兴奋部位之间的膜电位差愈大,形成的局部电流也就愈强,兴奋传导速度愈快。0 期去极化速度快,局部电流形成的速度也快,兴奋传导速度就愈快,反过来也一样。

邻近未兴奋部位的兴奋性:该部位兴奋性增高,兴奋传导速度加快。如果该部位膜反应处于兴奋后的不应期中,则兴奋不能传导或传导速度减慢。

(四)心肌细胞的收缩性

心肌的收缩性是指心房和心室工作细胞具有接受阈刺激产生收缩反应的能力。正常情况下它们仅接收来自窦房结的节律性兴奋的刺激。心肌细胞收缩机理与骨骼肌相同,但有其特点,主要表现同步收缩和心肌不产生强直收缩,从而使心脏保持舒缩活动交替进行,保证心脏的射血和血液的回流等功能的实现。

1. 同步收缩(全或无式收缩)

心房和心室内特殊传导组织的传导速度快,且心肌细胞之间的闰盘电阻又低,因此兴奋在心房或心室内传导很快,几乎同时到达所有的心房肌或心室肌,从而引起全心房肌或全心室肌同时收缩,称为同步收缩。同步收缩效果好,力量大,有利于心脏射血。

2. 不发生强直收缩

心肌一次兴奋后,其有效不应期长,相当于整个收缩期和舒张早期。即在此时期内,任何刺激都不能使心肌再发生兴奋而收缩。因此,心肌不会发生如骨骼肌那样的强直收缩,能始终保持收缩后必有舒张的节律性活动,从而保证心脏的射血和充盈的正常进行。

知识链接

心肌生理特性的影响因素

心肌的各种特性,常因内环境中许多理化因素的改变而改变。如体温升高可使心跳加强加快,体温下降则使心跳变慢;血液 pH 低于 7.35 时,心肌收缩明显减弱;血钠、血钾、血钙三种离子必须同时存在,Na^+是维持心肌兴奋性必不可少的离子,K^+又可抑制心肌的兴奋性和传导性,如血钾过高会引起心动过缓,传导阻滞,心肌收缩不良,但血钾过低又会引起心肌自动节律性增强,发生期外收缩,Ca^{2+}是心肌维持收缩性所必需的离子,过高时会导致心脏舒张不全,甚至发生心脏停止于收缩期的现象,所以临床上输液时一定要注意上述三种离子的比例、用量和输液速度。

三、心电图

在每一个心动周期中,从窦房结发出的兴奋,按一定途径顺序向全心脏扩布。在每一心动周期中,心脏各部分表现为有一定方向、大小和时程的电位变化,而且可以通过体液扩布到体表来。应用心电图机将这种电位变化放大并记录下来的曲线图,即心电图(ECG)。心电图反映的是心脏兴奋的产生、传导和恢复过程中的生物电变化,与心脏的机械收缩活动,并无直接联系。心电图对某些心脏疾患的确诊有重要的参考价值。

(一)导联

用两条导线连接引导电极,放在体表的任何两个部位,与心电图机相接,都可记录出心脏周期性变化的电位图形。描记心电图时,引导电极安放的位置及其连接方式称为导联。

在临床工作中，为了便于比较，对电极的安放部位和导联连接方法都做了统一的规定。目前常用的导联有标准导联、加压单极肢体导联和胸导联。

1. 标准导联

这是一种双极肢体导联，它又可分为第一导联（Ⅰ）、第二导联（Ⅱ）、第三导联（Ⅲ），它们的具体连接方法如下：

导联名称	正电极连接	负电极连接
第一导联（Ⅰ）	左前肢肘关节内侧	右前肢肘关节内侧
第二导联（Ⅱ）	左后肢膝关节内侧	右前肢肘关节内侧
第三导联（Ⅲ）	左后肢膝关节内侧	左前肢肘关节内侧

2. 加压单级肢体导联

把心电图机正电极置于左前肢（VL）、右前肢（VR）和左后肢（VF）膝关节内侧，负电极同时连接被测外的其余两个肢体，这样测得的心电图振幅可比标准导联测得的提高1.5倍，故称为加压单极肢体导联，通常用aVL、aVR和aVF代表（图3-6）。

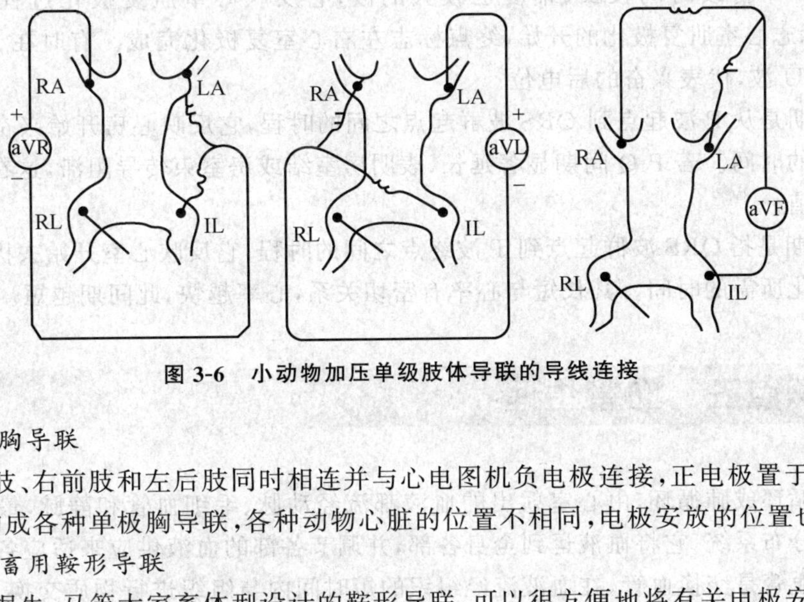

图 3-6　小动物加压单级肢体导联的导线连接

3. 单极胸导联

把左前肢、右前肢和左后肢同时相连并与心电图机负电极连接，正电极置于胸壁的不同部位，分别构成各种单极胸导联，各种动物心脏的位置不相同，电极安放的位置也各有区别。

4. 大家畜用鞍形导联

这是根据牛、马等大家畜体型设计的鞍形导联，可以很方便地将有关电极安放在适当部位，并且可从上述三种导联方法中任意选择。

（二）心电图波形及意义

各种导联所描记的心电图波形虽有所不同，但是基本波形都含有P波、QRS波群和T波。分析心电图时，主要是看各波波幅高低、历时长短以及波形的形状变化和方向等。图3-7为犬、猫Ⅱ导联的正常心电图。

P波是一个小波，它反映兴奋在心房传导过程中的电位变化。其持续时间相当于兴奋在两个心房传导的时间。大型动物尤其是马，兴奋在两心房之间传导需经历相当时程，可出现双峰状P波。

QRS波群反映兴奋在心室各部位传导过程中的电位变化。其起点标志心室兴奋的开始，终点标志左、右心室已全部兴奋。QRS波群持续时间代表心室肌兴奋传播所需的时间。

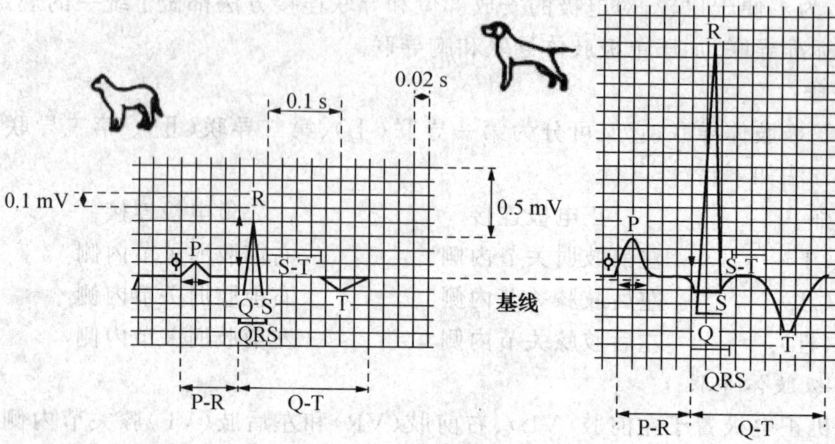

图 3-7　犬、猫Ⅱ导联的正常心电图

T 波是一个持续时间较长、幅度也较大的波，它反映心室肌复极化过程中的电位变化，其起点标志心室肌复极化的开始，终点标志左右心室复极化完成。有时在 T 波后，还出现一个小的 U 波，代表兴奋的后电位。

P-Q 间期是从 P 波起点到 QRS 波群起点之间的时程，它反映心房开始兴奋到心室开始兴奋所经历的时间。若 P-Q 间期显著延长，表明房室结或房室束传导阻滞，这在临床上有重要的参考价值。

Q-T 间期是指 QRS 波群起点到 T 波终点之间的时程，它反映心室开始去极化到全部心室完成复极化所需的时间。其长短与心率有密切关系，心率越快，此间期越短。

知识点三　血管生理

不论体循环或肺循环，由心室射出的血液都流经动脉、毛细血管和静脉，最后返回到心房。动脉是分布系统，它将血液运到全身各部，并调节各部的血液供应来适应各器官组织的需要。毛细血管是交换血管，在血液流经组织的短时间内与组织进行物质交换，是循环系统真正发挥作用的部位。静脉是引流系统，把毛细血管的血液输送回心脏。各类血管因其在整个血管系统中所处的部位不同，各具有不同的结构和功能特点。

一、血管的功能特点

(一)弹性贮器血管——大动脉

大动脉包括主动脉、肺动脉主干及其最大分支。这些血管壁厚，壁内含丰富的弹性纤维，故壁坚韧而富有弹性和可扩张性，称弹性贮器血管。当心室射血时，大动脉被动扩张，将射出的一部分血液暂存于被扩张的大动脉内，缓冲心缩压；当心舒期动脉瓣关闭而停止射血时，大动脉内压力降低，管壁弹性回缩，构成心舒期推动血液的动力，将这部分贮存的血液继续推向外周，使心脏虽然间断性射血，而外周血流却是连续性。故大动脉管壁的弹性发挥了缓冲心缩压和维持心舒压的作用。

(二)分配血管——中动脉

弹性大动脉至小动脉之间的动脉管道,其管壁主要由平滑肌组成,故收缩性较强。其功能是将血液输送至各组织器官,称分配血管。在体循环中,供应各器官的血管相互间又呈并联关系(图3-8)。

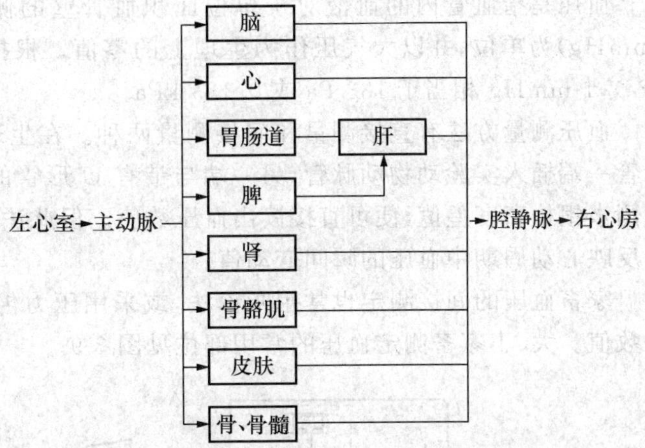

图 3-8　体循环各器官血管并联关系示意图

(三)阻力血管——小动脉和微动脉

管壁富有平滑肌,收缩性好。在神经及体液调节下,通过平滑肌的舒缩活动可改变其管径大小,从而改变血流阻力。由于此段血管口径小而血流速度快,形成的血流阻力很大,故称为阻力血管。血管收缩,管径更小,则阻力加大,反之血管舒张,则阻力减小,从而改变所分布器官的血流量。

(四)交换血管——真毛细血管

其管壁最薄,只有一层内皮细胞,外覆一薄层基膜,故通透性好,加之数量多,彼此连接成网,与组织细胞的接触面积大,有利于物质交换,故称为交换血管。

(五)容量血管——静脉

指自微静脉至大静脉的整个静脉系统。与相邻的动脉相比,其口径较大而管壁较薄,易扩张,容量大。循环系统血量有 60%～70%容纳于静脉系统中。其管壁有一定量的平滑肌,平滑肌的舒缩活动可使静脉容量发生明显变化,故静脉起了贮血库的作用,故称为容量血管。

二、血流阻力和血压

(一)血流阻力

血液在血管系统中流动时所遇到的阻力,称为血流阻力或外周阻力。形成外周阻力的主要因素是血液流动时血细胞与血管壁之间以及血细胞相互之间的摩擦。血细胞与血管壁之间的摩擦决定于血管的长度和口径。血管越长或口径越细,摩擦阻力越大。在血管系统中,小动脉和微动脉的长度大、口径小,是形成阻力的主要部位,毛细血管的口径虽然比小动脉更小,但由于长度很小,所以形成的阻力比小动脉小些。血细胞之间的摩擦阻力决定于血液的黏度,正常情况下几乎是相对恒定的。

血液在血管内流动时,与血管壁紧贴的一层血液所遇到的摩擦阻力最大,血液流速最慢,愈是接近血管中心处,血流的摩擦阻力愈小,流速也愈快。血液流速的这种分层次现象,称为层流。血液在血管内以层流方式流动时,红细胞有向中轴部分移动的趋势,这种现象称为轴流。贴近血管壁流速较慢的部分是一层含红细胞较少的血液或血浆。

(二)血压

1. 血压的概念及其测定

血压是指血管内的血液对于单位面积血管壁的侧压力,即压强。以往惯用毫米汞柱(mmHg)为单位,并以大气压作为生理上的零值。根据国际标准计量单位,压强单位为帕(Pa),1 mmHg 相当于 133 Pa 或 0.133 kPa。

血压测量方法有直接测量和间接测量两种。在生理急性实验中多用直接测量法,即将导管一端插入实验动物动脉管,另一端与带有 U 形管的水银检压计相连,通过观察 U 形管两侧水银柱高度差值,便可直接读出血压数值。但此法仅能测出平均血压的近似值,不能精确反映心动周期中血压的瞬间变动值。

家畜血压的间接测定也常用听诊法,或采用压力传感器将压力变化转换为可直接读取的数值。大、小家畜测定血压的常用部位见图 3-9。

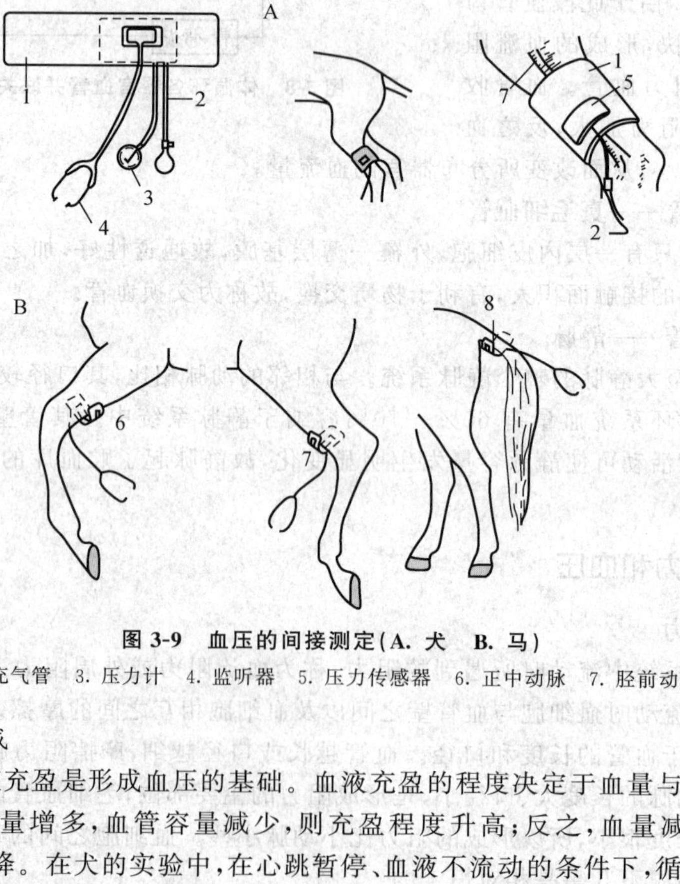

图 3-9 血压的间接测定(A. 犬 B. 马)

1. 密封气囊 2. 充气管 3. 压力计 4. 监听器 5. 压力传感器 6. 正中动脉 7. 胫前动脉 8. 尾中动脉

2. 血压的形成

血管内有血液充盈是形成血压的基础。血液充盈的程度决定于血量与血管系统容量之间的相互关系:血量增多,血管容量减少,则充盈程度升高;反之,血量减少,血管容量增大,则充盈程度下降。在犬的实验中,在心跳暂停、血液不流动的条件下,循环系统平均的充盈压为 0.93 kPa。

心脏射血是形成血压的动力。心室收缩时,推动血液带着一定的能量高速流进动脉,心室收缩所释放的能量,可分解为两个部分:一部分以动能形式推动血液流动;另一部分以势能形式作用于动脉管壁,使其扩张。当心动周期进入舒张期,心脏停止射血时,动脉管壁弹性回缩,将储存于管壁的势能释放出来,转变为动能,继续推动血液向外周流动。

外周阻力是形成血压的重要因素。如果仅有心室收缩做功,而不存在外周阻力的话,那么心室收缩的能量将全部表现为动能，射出的血液毫无阻碍地流向外周，对血管壁不能形成侧压力。可见，除了必须有血液充盈血管之外，血压的形成是心室收缩和外周阻力两者相互作用的结果。

由于血液从大动脉流向外周并最后回流心房，沿途不断克服阻力而大量消耗能量，所以从大动脉、小动脉至毛细血管、静脉，血压递降，直至能量耗尽，以至当血液返回接近右心房的大静脉时，血压可降至零，甚至还是负值，即低于大气压。

三、动脉血压和动脉脉搏

（一）动脉血压

通常所说的血压，是指体循环系统中的动脉血压，动脉血压在血液循环中占有重要地位。它决定其他血管中的压力，是保证血液克服阻力供应各器官的主要因素。动脉血压过低不能保证有效的循环和血液供应；动脉血压过高会增加心脏和血管的负担，甚至损伤血管引起出血。血压长期过高往往会引起左心室代偿性肥大和心血管系统的其他功能性和器质性的病理性变化。在每次心动周期中，动脉血压随着心室的舒张、收缩活动而发生明显波动。这种波动在小动脉后段已消失（图 3-10）。

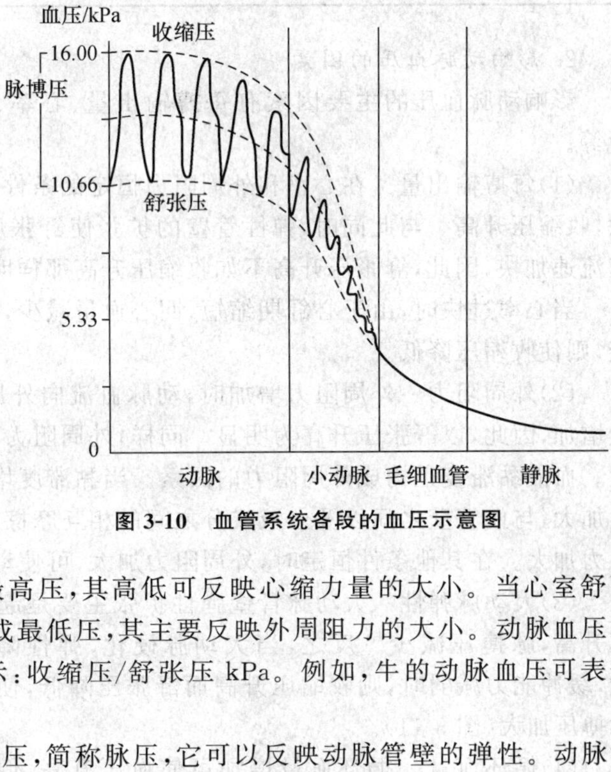

图 3-10　血管系统各段的血压示意图

1. 收缩压、舒张压和平均压

在心室收缩射血过程中，动脉内血压所能达到的最高值，叫收缩压或最高压，其高低可反映心缩力量的大小。当心室舒张时，动脉血压下降的最低值，叫舒张压或最低压，其主要反映外周阻力的大小。动脉血压的数值，常以分数形式加计量单位来表示：收缩压/舒张压 kPa。例如，牛的动脉血压可表达为：18.7/12.6 kPa。

收缩压与舒张压的差值，叫作脉搏压，简称脉压，它可以反映动脉管壁的弹性。动脉管壁弹性良好可使脉压减小，弹性下降则脉压上升。在动脉系统各部，收缩压的下降比舒张压明显，所以这两种动脉血压越向外周就越相接近，脉搏压也随着缩小，在末梢小动脉，血压不再出现收缩压和舒张压的差别。在心室收缩力和每搏输出量等不变的情况下，脉搏压大、小可在一定程度上反映动脉系统管壁的弹性状况。各种动物的血压常值见表 3-2。

在一个心动周期中每一瞬间动脉血压都是变动的，其平均值称为平均动脉压，简称平均压。由于在一个心动周期中，心缩期往往短于心舒期，因此，平均压不等于收缩压与舒张压的简单平均值。平均压通常可按下式计算：

$$平均动脉压=舒张压+\frac{1}{3}(收缩压-舒张压)=舒张压+\frac{1}{3}脉搏压$$

表 3-2　各种成年动物颈动脉或股动脉的血压　　kPa

动物	收缩压	舒张压	脉搏压	平均动脉压
马	17.3	12.6	4.7	14.3
牛	18.7	12.6	6.1	14.7
猪	18.7	10.6	8.1	13.3
绵羊	18.7	12.0	6.7	14.3
鸡	23.3	19.3	4.0	20.7
兔	16.0	10.6	5.4	12.4
猫	18.7	12.0	6.7	14.3
犬	16.0	9.3	6.7	11.6

2. 影响动脉血压的因素

影响动脉血压的主要因素有每搏输出量、心率、外周阻力、大动脉管壁弹性及循环血量等。

(1)每搏输出量　在心率和外周阻力恒定的条件下，每搏输出量增加可使动脉内容量加大，收缩压升高。与此同时，弹性管壁的扩张使舒张压也有所增大，但由于收缩压升高时血液流速加快，因此，舒张压升高不如收缩压升高那样明显。

当心率过快时，由于心舒期缩短，回心血量减少，使每搏输出量相应减少，如外周阻力不变，则使收缩压降低。

(2)外周阻力　外周阻力增加时，动脉血流向外周的阻力加大，使心舒期之末动脉内血量增加，因此，以舒张压升高为明显。同样，外周阻力降低时，血压降低也以舒张压下降为明显。血液黏滞度也构成外周阻力的因素。当黏滞度增加(如动物脱水、大量出汗时)，血液密度加大，与血管壁之间以及血液成分之间的相互摩擦阻力也加大，这些因素都使血流的外周阻力加大。在其他条件恒定时，外周阻力加大，可使动脉血压升高。

(3)大动脉弹性　大动脉管壁弹性扩张主要是起缓冲血压的作用，使收缩压降低，舒张压升高，脉搏压减少。反之，当大动脉硬化，弹性降低，缓冲能力减弱时，则收缩压升高而舒张压降低，使脉搏压加大(图 3-11)。

(4)循环血量　循环血量增加可使血压升高，但主要使射血量增加，所以当其他因素不变时，也是以收缩压升高为显著。

在分析各种因素对血压影响时，都是在假定其他因素不变的情况下，某单个因素变化时对血压变化可能产生的影响。在整体情况下，只要有一个因素发生变化就会影响其他因素的变化，因此，血压的变化是各个因素相互作用的结果。在各种因素中，循环血量、动脉管壁弹性以及血液黏滞度等，在正常情况下基本无变化，对血压变化不起经常性的作用；而每搏输出量和外周阻力由于受心缩力和外周血管口径的

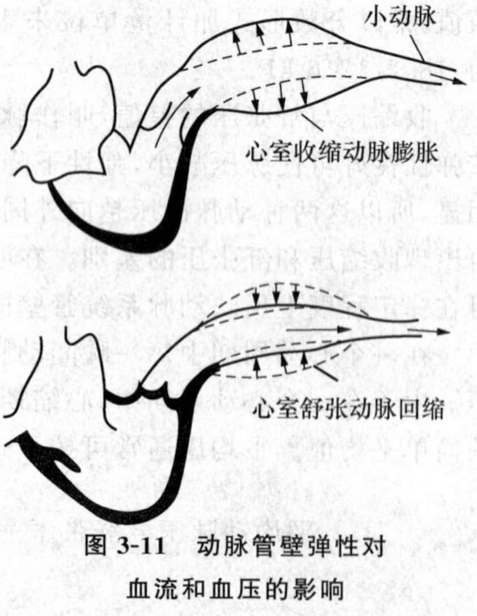

图 3-11　动脉管壁弹性对血流和血压的影响

直接影响，经常处于变化之中。因此，这两项因素是影响血压变化最经常、最主要的因素。动物有机体就是通过神经和体液途径，调节心缩力量和血管的舒缩反应，使血压的变化适应有机体不同状况下的需要。

在阻力性血管中，小动脉分支多，总长度大，口径小，对血流的阻力大，而且管壁又富含平滑肌，在神经和体液的调节下，可作迅速的收缩和舒张而改变口径。因此，小动脉在决定外周阻力大小变化中起最重要的作用。

(二)动脉脉搏

1. 动脉脉搏的形成

每次心室收缩时，血液射向主动脉，使主动脉内压在短时间内迅速升高，富有弹性的主动脉管壁向外扩张。心室舒张时，主动脉内压下降，血管壁又发生弹性回缩而恢复原状。因此，心室的节律性收缩和舒张使主动脉壁发生同样节律扩张和回缩的振动。这种振动沿着动脉系统的管壁以弹性压力波的形式传播，形成动脉脉搏。通常临床上所说的脉搏就是指动脉脉搏。动脉脉搏传导速度很快，要比血液流速快几十倍，因此，在远离心脏的体表动脉所触摸到的脉搏，即是此刻心脏活动的瞬间反应。

2. 动脉脉搏的临床意义

由于脉搏是心搏动和动脉管壁的弹性所产生的，它不但能够直接反映心率和心动周期的节律，而且能够在一定程度上通过脉搏的速度、幅度、硬度、频率等特性反映整个循环系统的功能状态。所以检查动脉脉搏有很重要的临床意义。

脉搏检查的部位：牛在尾中动脉、颌外动脉、腋动脉或隐动脉；马在颌外、尾中动脉或横面动脉；猪在桡动脉；猫和犬在股动脉或胫前动脉。

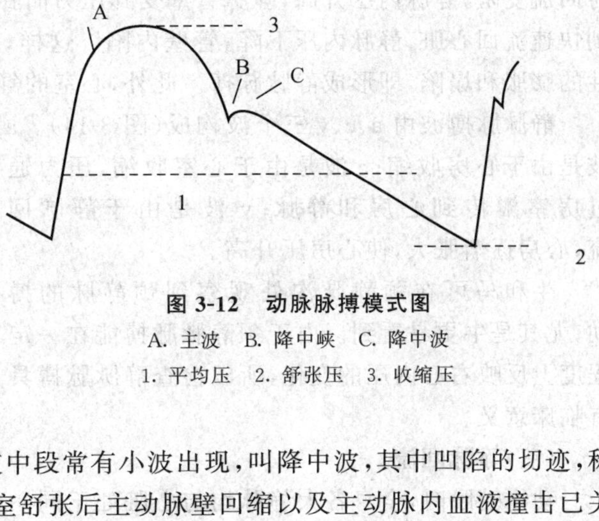

图 3-12　动脉脉搏模式图

A. 主波　B. 降中峡　C. 降中波

1. 平均压　2. 舒张压　3. 收缩压

应用脉搏描记器记录下来的脉搏波形叫作脉搏图。动脉系统各段的脉搏图有所差异，但是基本波形是相同的（图 3-12）。脉搏图由一个升支和降支组成，升支较陡峭，代表心室收缩时射血，使主动脉内压急剧上升，管壁突然扩张。降支较平缓，代表心室舒张时主动脉管壁弹性回缩，内压缓慢下降。降支中段常有小波出现，叫降中波，其中凹陷的切迹，称降中峡。降中波和降中峡的形成是由心室舒张后主动脉壁回缩以及主动脉内血液撞击已关闭的半月瓣后重又回弹的作用。

四、静脉血压和静脉血流

(一)静脉血压与中心静脉压

1. 静脉血压

血液在静脉中流动，对静脉管壁产生的侧压力，称为静脉血压。血液通过毛细血管后，绝大部分能量都消耗于克服外周阻力，因而到了静脉系统后血压已所剩无几，微静脉血压降至约为 1.9 kPa。到腔静脉时血压更低，到右心房时血压已接近于零。

2. 中心静脉压

通常将右心房和胸腔内大静脉的血压，称为中心静脉压，正常值为 0.4～1.2 kPa。中心静脉压的高低决定于心泵功能与静脉回心血量之间的相互关系。当心脏泵血功能较强，能将回心血液及时射入动脉时，中心静脉压就较低；当心泵功能较弱，不能及时射出回心血液时，中心静脉压就升高。中心静脉压可作为临床输血或输液时输入量和输入速度是否恰当的检测指标。在心功能较好时，如果中心静脉压迅速升高，可能是输入量过大或输入速度过快所致；反之，如果输血或输液之后中心静脉压仍然偏低，可能是血液容量不足。如果中心静脉压已高于 1.6 kPa 时，输血或输液应慎重。如图 3-13 所示，测定时先将三通阀门调至 A→B，使检压计充液，然后阀门调至 B→D，即可从 B 管液面高度读出中心静脉压数值。测定时注意应将三通阀门置于心脏同一水平位置。

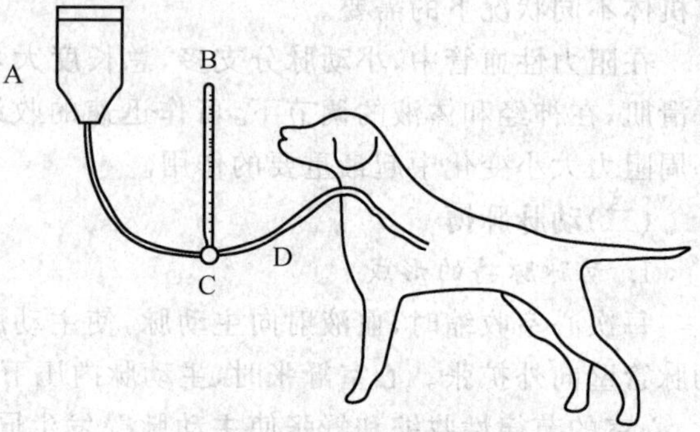

图 3-13　中心静脉压测定示意图

(二)静脉脉搏

经由大静脉(如腔静脉、颈静脉等接近心脏的大静脉)不断流回心脏的血液，当心房收缩时回流受阻，静脉内压升高，静脉管壁受到压力而膨胀；当心房舒张时，滞留在静脉内的血液则快速流回心脏，静脉内压下降，管壁内陷。这样，随着心房舒缩活动引起大静脉管壁规律性的膨胀和塌陷，即形成静脉脉搏。此外，心室的舒缩活动也能间接影响静脉脉搏。

静脉脉搏波由 a、c、v 三个波构成(图 3-14)。a 波是由于心房收缩；c 波是由于心室收缩，压力通过房室瓣传到心房和静脉；v 波是由于静脉回流，心房逐渐胀大，使心房压升高。

牛和马可在颈静脉沟处观察到颈静脉的搏动，尤其是牛更易看到。由于颈静脉脉搏能在一定程度上反映右心内压的变化，所以检查静脉脉搏具有临床意义。

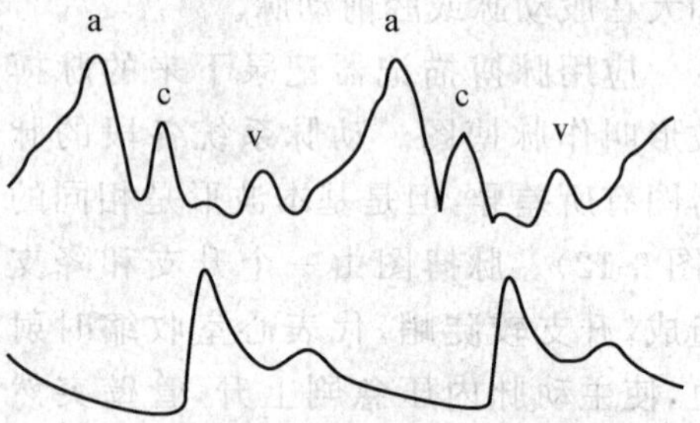

图 3-14　动脉及静脉脉搏图

上：静脉脉搏曲线　下：动脉脉搏曲线

(三)静脉回流

动物躺卧时，全身各大静脉均与心脏处于同一水平，靠静脉系统中各段压差就可以推动血液流回心脏。但在站立时，因受重力影响血液将积滞在心脏水平以下的腹腔和四肢的末梢静脉中，这时需借助外在因素的作用促使其回流。主要的外在因素是：

1. 骨骼肌的挤压作用

骨骼肌收缩时，对附近静脉起挤压作用，推动其中的血液推开静脉管内壁上的静脉瓣，朝心脏方向流动。静脉瓣游离缘只朝心脏方向开放，因此，肌肉舒张时，静脉血不至于倒流。

2. 胸腔负压的抽吸作用

呼吸运动时胸腔内压产生的负压变化，也是促进静脉回流的另一个重要因素。胸腔内的压力是负压（低于大气压），吸气时更低，所以吸气时产生的负压可牵引胸腔内柔软而薄的大静脉管壁，使其被动扩张，静脉容积增大，内压下降，因而对静脉血回流起抽吸作用。此外，心舒期心房和心室内产生的较小的负压，对静脉回流也有一定的抽吸作用。

五、微循环

微循环是指小动脉和小静脉之间微细血管的血液循环，其功能是完成血液和组织液之间的物质交换。典型的微循环由微动脉、后微动脉、毛细血管前括约肌、真毛细血管、通血毛细血管、动—静脉吻合支和微静脉等部分组成（图 3-15）。

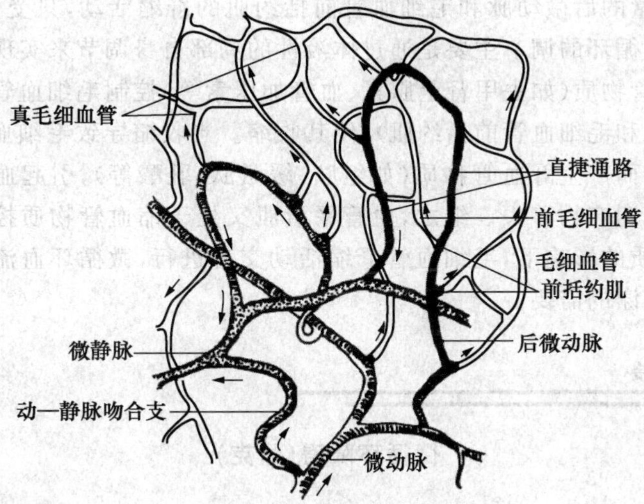

图 3-15　微循环示意图

微动脉的管壁有环形的平滑肌，其收缩和舒张可控制微血管的血流量。微动脉分支成为管径更细的后微动脉。每根后微动脉向一根至数根真毛细血管供血。在真毛细血管起始端通常有 1～2 个平滑肌细胞，形成一个环，即毛细血管前括约肌。该括约肌的收缩状态决定进入真毛细血管的血流量。

（一）微循环通路

在微循环系统中，血液由小动脉到小静脉有三条不同的途径：

1. 直捷通路

指血液从微动脉经后微动脉和通血毛细血管进入微静脉的通路。通血毛细血管比一般的真毛细血管稍粗，中途不分支，路程短血流速度快。物质交换作用不大，其主要功能是在静息状态时保证血液能及时通过微循环区而不至于在真毛细血管滞留。这样就不会影响静脉回流，使血压能维持正常。直捷通路在骨骼肌组织的微循环中较为多见。

2. 营养通路

指血液由微动脉、后微动脉和开放着的前毛细血管括约肌，进入由真毛细血管组成的迂回曲折的真毛细血管网，最后汇集于微静脉。该通路中血流速度慢，血液流程很长，与组织细胞接触广泛，所以能完成血液和组织间的物质交换作用。当组织处于安静状态时，多数毛细血管前括约肌收缩而关闭，使大部分血液经直捷通路流回微静脉。当组织活动增强时，括约肌由于受到血中代谢产物（如二氧化碳、乳酸等）的影响而舒张，于是真毛细血管开放，借以增加血液与组织间的物质交换。

3. 动—静脉短路

在某些情况下，血液从微动脉经动静脉吻合支直接流进微静脉。它完全没有物质交换的作用。其功能是快速调运血液和调节通过局部毛细血管床的血流量。这条通路多见于皮肤、耳廓、肠系膜和肝、脾等器官中。在一般情况下，此通路经常处于关闭状态。皮肤的动—静脉短路对于调节皮肤的局部温度和调节机体的体温也有一定的作用。

（二）微循环的调节

微循环系统中仅微动脉分布有少量神经，其余成分并不直接受控于神经系统。尤其是决定营养通路血流量的后微动脉和毛细血管前括约肌的舒缩活动，只受体液中血管活性物质的调节。因此，微循环的调节主要是通过体液性的局部自身调节来实现的。

体液中的缩血管物质（如去甲肾上腺素、血管加压素等）控制毛细血管前阻力血管（主要指微动脉、后微动脉和毛细血管前括约肌），使其收缩。当收缩导致毛细血管灌注不良时，局部代谢产物堆积，从而产生舒血管物质（如组胺、缓激肽、乳酸等），引起血管平滑肌松弛，微循环恢复灌注，将代谢产物移去。继之，血管平滑肌又处于缩血管物质控制之下。这样，在体液中血管活性物质的影响下，毛细血管舒缩活动交替进行，微循环血流量涌动，及时分配血量，以适应组织代谢的需要。

知识链接

微循环障碍（休克）

机体在强烈有害因素的作用下，使微循环灌流量急剧减少，导致机体各组织器官缺氧，发生机能和代谢障碍的全身性病理过程，称为休克。在严重创伤、重度感染、心血管疾病、大面积烧伤、药物过敏、异形输血和恶性肿瘤等疾病过程中，能引起弥散性微血管内凝血，使微循环血流受阻，引起微循环障碍，导致休克的发生。微循环灌流量不足是休克始动环节，可造成机体缺氧和酸中毒，进一步导致微循环瘀血和弥散性血管内凝血，从而进一步加重机体的缺血、缺氧，形成恶性循环造成组织细胞严重损伤。

六、组织液和淋巴液

组织液分布在细胞的间隙内，又称为组织间隙液，是血液与组织细胞间物质交换的媒介。组织液绝大部分呈胶冻状，不能自由流动。只有很少部分呈液态自由流动。胶冻的基质主要是胶原纤维和透明质酸细丝，这些成分并不妨碍水及其溶质的扩散运动。

（一）组织液的生成与回流

组织液是血浆通过毛细血管管壁的滤出而形成的。组织液形成后又被毛细血管壁重吸收回到血液中去，保持组织液量的动态平衡。组织液生成和重吸收，决定于以下四种因素：①毛细血管血压；②血浆胶体渗透压；③组织静水压；④组织液胶体渗透压。其中，①和④是促进滤过的力量，即有利于生成组织液的因素；而②和③是阻止滤过的力量，即有利于组织液重吸收的因素。可见，组织液的生成是这四种因素相互作用的结果。滤过因素与重吸收因素之差称为有效滤过压。可以表达为：生成组织液的有效滤过压=(毛细血管血压+组织液胶体渗透压)-(组织静水压+血浆胶体渗透压)。如图 3-16 所示，血浆胶压约为 3.3 kPa，毛细血管动脉端血压平均约为 4.0 kPa，毛细血管静脉端血压约为 1.6 kPa，组织液静水压和胶压分别约为 1.33 kPa 和 2.0 kPa。将这些数值代入上式：

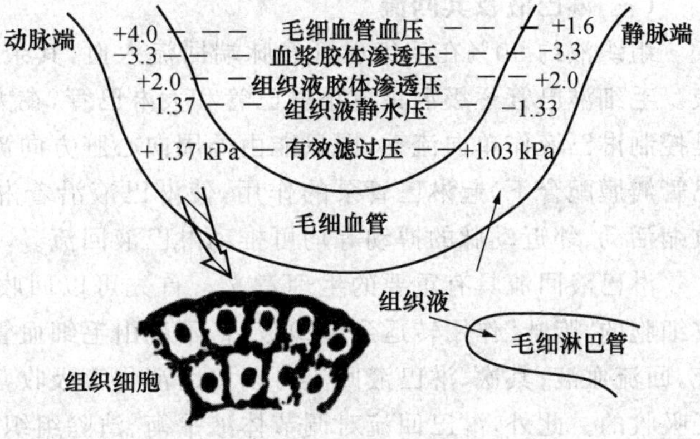

图 3-16　组织液生成与回流示意图

毛细血管动脉端有效滤过压=4.0+2.0-(3.3+1.33)=1.37(kPa)

毛细血管静脉端有效滤过压=1.6+2.0-(3.3+1.33)=1.03(kPa)

由计算结果可以推断，在毛细血管动脉端有液体滤出，形成组织液；在毛细血管静脉端组织液被重吸收，即约有 90%滤出的组织液又重新流回血液。

(二)影响组织液生成的因素

正常情况下，组织液生成和重吸收，保持着动态平衡，使血容量和组织液量能维持相对稳定。一旦与有效滤过压有关的因素改变和毛细血管通透性发生变化，将直接影响组织液的生成。

1. 毛细血管血压

凡能使毛细血管血压升高的因素都可促进组织液和淋巴液的生成。炎症部位小动脉舒张，或静脉回流受阻时毛细血管后阻力增加，也都可以使毛细血管血压升高，使组织液和淋巴液的生成量增加。若组织液生成大于回流，则导致水肿。

2. 血浆胶体渗透压

在正常生理状况下，血浆胶体渗透压的变化幅度很小，不会成为引起有效滤过压明显变化的因素。在病理状况下，如某些肾脏疾患，因有大量蛋白尿，使血浆蛋白质损失，血浆胶体渗透压降低，导致有效滤过压升高，组织液生成量增加，回流减少，可出现水肿。

3. 毛细血管壁的通透性

组织活动时代谢增强，能使局部温度升高，pH 降低，氧消耗增加，这些都可以使毛细血管壁通透性增大。有些组织活动还会产生一些特殊的化学物质，如唾液腺和汗腺分泌时，组织内会产生缓激肽，也能增大毛细血管壁通透性。过敏反应中，局部有大量组织胺释放，可使毛细血管壁通透性增大。注射蛋白胨、胆汁或组织浸提物等所谓催淋巴剂，也能增大毛细血管壁通透性。上述因素都可促进组织液和淋巴液的生成。

4. 淋巴回流

由于一部分组织液经淋巴管回流入血液，因此，如淋巴回流受阻，在受阻部位远端的组织间隙中组织液积聚，也可引起水肿，如丝虫病引起的肢体水肿等。

(三)淋巴液及其回流

组织液约 90%在毛细血管静脉端回流入血，其余 10%则进入毛细淋巴管，即成为淋巴液。毛细淋巴管逐级汇集成小淋巴管和大淋巴管，在大、小淋巴管中都有瓣膜。瓣膜的作用是控制淋巴液作单向流动，即只能由外周向心脏方向流动。淋巴管壁平滑肌收缩活动(在淋巴管瓣膜配合下)起淋巴管泵的作用，使淋巴液沿着淋巴管系统向心脏回流。此外，骨骼肌收缩活动、邻近动脉的搏动等均可推动淋巴液回流。

淋巴液回流具有重要的生理意义。首先可以回收蛋白，因为血浆蛋白质经毛细血管内皮细胞的“胞吐”作用转运到组织液后，不能由毛细血管壁重吸收，但能较容易地进入淋巴系统，回流血液；其次，淋巴液回流可以协助消化管吸收营养物，如大部分脂类就是经过淋巴途径吸收的。此外，淋巴回流对调节体液平衡、清除组织中的异物等方面也有重要的作用。

知识点四　心血管活动的调节

循环系统适应性活动，在于及时而适当地供给血流量，以满足各组织和器官的代谢需要。有机体的神经和体液对心脏和各部分血管的活动进行调节，以适应各器官、组织在不同状态下对血流量的需要，协调各器官之间的血量分配。

一、神经调节

(一)调节心血管活动的神经中枢

心血管系统的活动受到中枢神经系统的调节控制。这些调节控制通过反射活动来实现，中枢神经内与心血管反射有关的神经元集中的区域叫作心血管反射中枢。控制心血管活动的神经元并不是只集中在中枢神经系统的一个部位，而是分布于从脊髓到大脑皮层的各个部位，它们各具不同的功能，又互相密切联系，使整个心血管系统的活动协调一致，并与整个机体的活动相适应。

1. 基本中枢

从 19 世纪 70 年代以来，科学家采用不同的研究方法对延髓在调节心血管活动中的作用进行了深入的研究，结果发现延髓中有三个中枢，即缩血管中枢、心加速中枢、心抑制中枢。当缩血管中枢、心加速中枢兴奋时，心搏动加速、血管收缩和血压升高。当心抑制中枢兴奋后，心搏动减慢，血管收缩活动降低，血压下降。延髓内的心血管中枢是维持正常血压水平和心血管反射的基本中枢。

基本中枢的重要生理特点是存在紧张性活动。心血管系统运动功能的动力性变化是依靠延髓基本中枢正常紧张性活动而实现的。正常情况下，缩血管中枢和心抑制中枢有很明显的紧张性活动，使机体全身血管保持一定程度的收缩状态，使心脏的活动速度及强度保持相对低的水平。心加速中枢很少出现紧张性活动，它们只是在特殊条件下才表现出明显的效应。

2. 高级中枢

调节心血管活动的高级中枢分布在延髓以上的脑干部分以及大脑和小脑中，它们在心血管活动调节中所起的作用较延髓基本中枢更加高级。特别是表现为心血管活动和机体其他功能之间复杂的整合。

(二)心脏和血管的神经支配

1. 心脏的神经支配

心脏受到交感神经和副交感神经的双重支配(图 3-17)。

(1)心交感神经及其作用　心交感神经的节前神经元位于脊髓第 1～5 胸段的中间外侧柱;节后神经元位于星状神经节或颈交感神经节内。节后神经元的轴突组成心脏神经丛,支配心脏各个部分。右侧的纤维大部分终止于窦房结;左侧的纤维大部分终止于房室结和房室束。两侧均有纤维分布到心房肌和心室肌。

心交感节后神经元末梢释放的递质为去甲肾上腺素,与心肌细胞膜上的β型肾上腺素能受体结合,可导致心率加快,房室交界的传导加快,心房肌和心室肌的收缩能力加强。

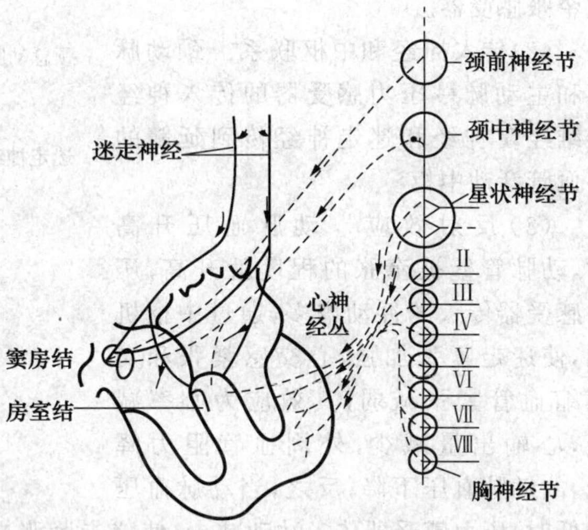

图 3-17　心脏的神经支配

(2)心迷走神经及其作用　支配心脏的副交感神经是迷走神经的心脏支。右侧迷走神经心脏支的大部分神经纤维终止于窦房结;左侧迷走神经心脏支的大部分纤维终止于房室结和房室束。两侧均有纤维分布到心房肌,心室肌也有迷走神经支配,但纤维末梢的数量远较心房肌中的少。

心迷走神经节后纤维末梢释放的递质乙酰胆碱作用于心肌细胞的 M 型胆碱能受体,可导致心率减慢,心房肌收缩能力减弱,心房肌不应期缩短,房室传导速度减慢。刺激迷走神经时,也能使心室肌的收缩减弱,但其效应不如心房肌明显。

2. 血管的神经支配

除真毛细血管外,血管壁都有平滑肌分布。除毛细血管前括约肌上神经分布很少,其舒张、收缩活动主要受局部组织代谢产物影响外,绝大多数血管平滑肌都受神经支配,它们的活动受神经调节。支配血管的神经主要是调节血管平滑肌的收缩和舒张活动,称血管运动神经。它们可分为两类:一类神经能够引起血管平滑肌的收缩,使血管口径缩小,称缩血管神经;另一类神经引起血管平滑肌的舒张,称舒血管神经。

(三)心血管反射

当机体处于不同的生理状态如运动、休息、变换姿势、应激或机体内、外环境发生变化时,被各种感受器感受,可引起各种心血管反射,使心输出量和各器官的血管收缩状况发生相应的改变,动脉血压也可发生变动,心血管反射一般都能很快完成,其生理意义在于使循环功能能适应于当时机体所处的状态或环境的变化。

心血管系统两种主要的反射分别是颈动脉窦和主动脉弓的压力感受性反射及颈动脉体和主动脉体化学感受性反射(图 3-18)。

1. 颈动脉窦和主动脉弓压力感受性反射

(1)动脉压力感受器　组织学研究表明,在颈动脉窦和主动脉弓处管壁内有许多感受器。这些感受器是未分化的枝状神经末梢。生理学研究发现，这些感受器并不是直接感受血压的变化，而是感受血管壁的机械牵张程度，称为压力感受器或牵张感受器。

(2)传入神经和中枢联系　颈动脉窦和主动脉弓压力感受器的传入神经纤维经窦神经和迷走神经传到延髓的心血管活动中枢。

(3)反射效应　动脉血压升高时，动脉管壁被牵张的程度就升高，压力感受器传入的冲动增多，通过中枢机制，使迷走紧张加强，心交感紧张和交感缩血管紧张减弱，其效应为心率减慢，心输出量减少，外周血管阻力降低，故动脉血压下降；反之，当动脉血压降低时，压力感受器传入冲动减少，使迷走紧张减弱，交感紧张加强，于是心率加快，心输出量增多，外周血管阻力增高，血压升高。

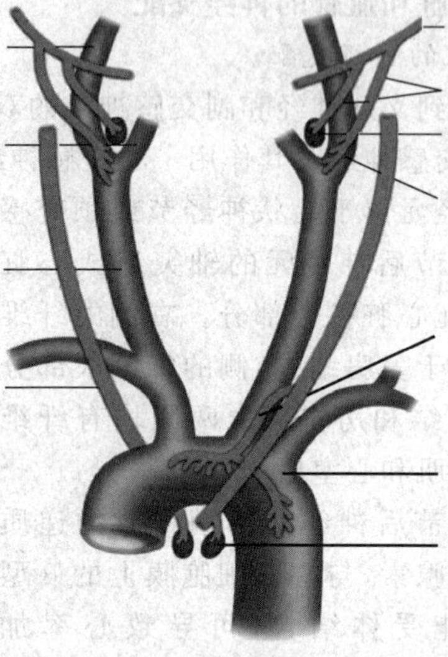

图 3-18　颈动脉窦区与主动脉弓区的压力感受器和化学感受器

(4)压力感受性反射的意义　压力感受性反射在心输出量、外周血管阻力、血量等发生突然变化的情况下，对动脉血压进行快速调节的过程中起重要作用，使动脉血压不致发生过大的波动。

2. 颈动脉体和主动脉体化学感受性反射

(1)外周化学感受器　外周化学感受器位于颈动脉体(颈动脉窦旁)和主动脉体(在主动脉弓旁)中，对血液中氢离子浓度的增加和氧分压降低敏感。

(2)传入神经和中枢联系　化学感受器受到刺激后，发出冲动分别经窦神经和迷走神经传进延髓的呼吸中枢、缩血管中枢和心抑制中枢。

(3)反射效应　当血液中氢离子的浓度过高、二氧化碳分压过高、氧分压过低时，化学感受器受刺激，发出冲动经传入神经传至延髓呼吸中枢，引起呼吸加深加快，可间接地引起心率加快，心输出量增多，外周血管阻力增大，血压升高。

值得注意的是，血液中化学成分的变化直接作用于延髓心血管中枢的效果比作用于外周化学感受器的效果大得多。因此，在一般情况下，从颈动脉体和主动脉体化学感受器来的传入冲动对心血管控制没有重要意义。但在缺氧或窒息时，外周传入变成重要因素，与中枢效应结合，产生强有力的交感传出冲动作用于循环系统。

二、体液调节

心血管活动的体液调节是指血液和组织液中一些化学物质对心肌和血管平滑肌的活动发生影响，并起调节作用。有些化学物质产生后被迅速破坏，只能对器官或组织产生局部性调节作用；有些化学物质产生后，能够通过血液循环运送到全身各部，或者运送到心血管活动中枢，产生全身性的调节作用。

(一)肾素——血管紧张素

在肾血流量减少时，不论是由于血压下降，或局部血管收缩，或肾血管病变所引起的肾血流量减少，都会引起肾小球旁器分泌一种酸性蛋白酶进入血液，这种酶叫作肾素。它使在肝中生成的血管紧张素原水解成血管紧张素Ⅰ。血管紧张素Ⅰ在肺循环中被血管紧张素转化酶水解成血管紧张素Ⅱ。血管紧张素Ⅱ受到血浆或组织中血管紧张素酶A的作用转变成血管紧张素Ⅲ，血管紧张素Ⅱ有极强的缩血管作用，约为去甲肾上腺素的40倍，能加强心肌的收缩力，增强外周阻力，血压升高；还能作用于肾上腺皮质细胞，促进醛固酮的生成与释放。血管紧张素Ⅲ的缩血管作用较低，但促进肾上腺皮质分泌醛固酮的作用较强。醛固酮可刺激肾小管对钠的重吸收，增加体液总量，也会使血压上升。

在正常生理情况下血管紧张素对血压的调节没有明显的作用。在某些情况下，如失血、失水时，肾素—血管紧张素的活动加强，并对在这些状态下循环功能的调节起重要作用。肾素—血管紧张素的升压作用大约需20 min才能生效。这种作用比肾上腺素、去甲肾上腺素的作用慢得多，但作用的持续时间长。

(二)肾上腺素和去甲肾上腺素

肾上腺髓质分泌的激素是最重要的心血管系统全身性体液调节因素，其中肾上腺素约占80%，去甲肾上腺素约占20%。

肾上腺素作用于心肌的β受体，引起心肌活动增强和心输出量增加；还能分别作用于血管平滑肌的α和β受体，使皮肤、内脏等的血管收缩，心脏和骨骼肌中的血管舒张，结果使平均动脉血压升高，同时全身各部的血液分配发生变化，骨骼肌的血流量大大增加，而皮肤、腹腔器官的血流量大大减少。

去甲肾上腺素主要作用于血管平滑肌的α受体，引起血管平滑肌收缩，外周阻力增大和血压上升。

三、自身调节

在没有外来神经和体液因素的调节作用时，各器官组织的血流量仍能通过局部血管的舒张、收缩活动而得到的相应的调节。这种调节机制存在于器官组织或血管自身之中，所以称为自身调节。心泵功能的自身调节已在前面叙述，血管方面的自身调节，有两种不同的学说，简介于下。

(一)肌源学说

该学说认为，血管平滑肌经常保持一定程度的紧张性收缩活动，是一种肌源性活动。当器官的血管灌注压突然升高时，血管平滑肌受到牵张刺激，肌源性活动加强，器官血流阻力加大，不因灌注压升高而增加血流量；反之，当器官灌注压突然降低时，肌源性活动减弱，血管平滑肌舒张，器官血流阻力减小，器官血流量不因灌注压下降而减少。

(二)局部代谢产物学说

该学说认为，器官血流量的自身调节主要是取决于局部代谢产物的浓度。当代谢产物腺苷、CO_2、H^+、乳酸和K^+等在组织中的浓度升高时，使局部血管舒张，器官血流量增多，代谢产物可充分被血流带走。于是局部代谢产物浓度下降，导致血管收缩，血流量与代谢活动水平保持相互适应。

知识点五 禽类循环特点

一、心脏生理

禽类的心脏按比例较哺乳动物大，同样分为左、右心房和左、右心室四个部分。心壁内有特殊的传导系统，但房室束周围没有纤维鞘围绕，来自心房的冲动易于广泛地沿束扩散到心室各部，认为这与禽类心率较高有关。

1. 心动周期

与哺乳动物一样，禽类的心动周期包括心房收缩期、心室收缩期和间歇期，不过各期的持续时间要短得多。在心动周期中发生心房和心室容积以及压力的变化。禽类的特点是在心房充盈期，心房内压有两次升高，第一次可能与房室瓣关闭血液向心房方面返回同时发生；第二次是在心房充满达最大程度时。

2. 心率及其影响因素

禽类的心率一般高于哺乳动物。幼禽较高，随年龄增长，心率有下降趋势；公鸡的心率比母鸡和阉鸡低，但鸭和鸽的心率性别差异不显著。

3. 心输出量

成年的公鸡较母鸡心输出量高，但按每千克体重计算，通常母鸡较高；运动、环境温度和代谢状态对心输出量有显著影响，饥饿或限制食物可使心输出量减少，虽有报道短期的热刺激最初可能引起心输出量增加，但长期的热适应(夏季)往往心输出量降低。

二、血管活动

1. 循环时间

家禽的循环时间较哺乳动物短，鸡平均为 2.8 s；鸭为 2～3 s，潜水时血流速度明显减慢，循环时间可增至 9 s。

2. 血压

成年公鸡收缩压约 25 kPa，舒张压约 19 kPa，脉压约 5.4 kPa；成年母鸡分别是 21.3 kPa、18.6 kPa 和 3.3 kPa，较公鸡低 15％～25％，鸽和鸭似乎没有血压的性别差异。

在哺乳动物具有加压和降压作用的药物和激素大都对禽类表现同样的作用，但异丙去甲肾上腺素对鸡则有降压作用。

禽类对催产素和加压素的反应与哺乳动物不同。鸡在注射催产素时几乎都表现降压作用，加压素在有些情况下虽可获得升压反应，但在另外的情况下也有降压作用出现，而哺乳动物对这两种激素都表现升压反应。

三、心血管机能的调节

1. 心血管的神经支配作用

与哺乳动物相似，调节禽类心脏和血管活动的基本中枢位于延髓；中枢通过迷走神经和交感神经支配心脏活动；血管除少数接受交感神经和副交感神经的双重支配以外，大多数都只接受交感神经的支配。

迷走神经对禽类心脏的作用强度，视种类有很大差异。鸽、鸭等心脏与身体相对比例较大的禽类，迷走神经对心脏的抑制作用较强，切断两侧迷走神经可见心率显著加快；而鸡的迷走神经对心脏的抑制作用较弱。

在安静时，禽类的心脏除接受迷走神经的紧张性影响外，交感神经也表现明显的紧张性，而且两者的作用比较均衡，不像哺乳动物在安静时心脏的活动主要受迷走神经的控制。

2. 心血管活动的神经反射

禽类的颈动脉窦与颈动脉体并不位于颈上部相当于哺乳动物颈外动脉与颈内动脉的分支处，而在靠近胸腔入口、颈总动脉起始处的附近。虽有实验指出，禽类的压力感受器和化学感受器也参与血压的调节，但是与哺乳动物比较起来，这些感受器的敏感性较差，它们在血压调节中的作用似乎并不重要。

知识链接

血液循环障碍

当机体心血管系统受到损伤，血容量或血液性质发生改变时，导致机体器官和组织的机能、代谢和形态结构出现一系列病理变化，称为血液循环障碍。血液循环障碍是临床上比较常见的病理过程。如局部血量和血流速度的变化，引起充血、瘀血和贫血；血管壁通透性和完整性的改变，导致出血；血液性质和血管内容物改变，引起血栓形成、栓塞、梗死及微循环障碍。

复习思考

1. 心音产生的主要因素是什么？
2. 心脏活动不易疲劳的原因是什么？
3. 哪些因素可影响心输出量？
4. 心脏的正常活动是如何调节的？
5. 心肌生物电的特点与心脏功能有何关系？
6. 形成血流阻力的血管有哪些？
7. 血压受哪些因素的影响？
8. 哪些外力会影响静脉血液的回流？
9. 影响组织液生成与回流的因素有哪些？
10. 淋巴循环有何生理意义？

Project 4

认知呼吸生理

学习目标

理解胸内压的形成及生理意义；
掌握肺通气和肺换气原理、气体运输过程；
理解各种因素对呼吸运动的调节作用；
能测定胸内压；
观察各种因素对呼吸运动的调节，能分析其作用机理。

动物机体在新陈代谢过程中，需要不断地从外界环境中摄取氧气，以氧化营养物质获取能量。同时又必须把代谢过程中产生的二氧化碳排出体外。机体与外界环境之间的这种气体交换过程，称作呼吸。整个呼吸过程包括以下三个连续的环节：①外呼吸，也称为肺呼吸，是指外界环境与肺内气体实现的交换，即外界环境中氧转运到血液，又将血液中的二氧化碳转运到外界环境的过程。外呼吸由肺通气（气体经呼吸道出入肺的过程）和肺换气（肺泡气与肺泡壁毛细血管血液间的气体交换）组成。②血液的气体运输，是指血液把来自肺泡的氧气运送到组织，又把组织细胞产生的二氧化碳运送到肺排出体外的过程。③内呼吸，又称组织呼吸，是指组织细胞从血液中摄取氧并向血液排放二氧化碳的过程（图 4-1）。

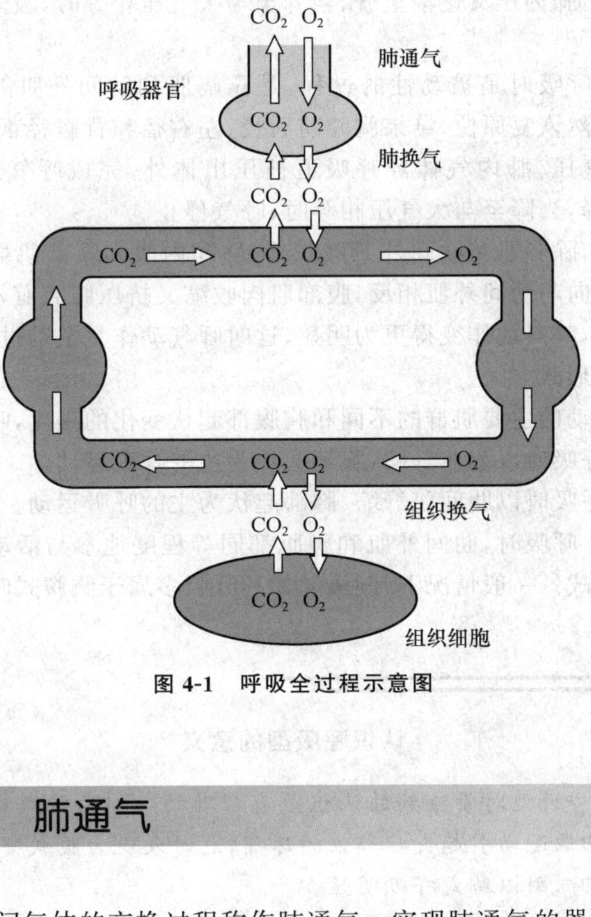

图 4-1　呼吸全过程示意图

知识点一　肺通气

肺与外界环境之间气体的交换过程称作肺通气。实现肺通气的器官包括呼吸道、肺泡、胸廓等。呼吸道是气体进出肺的通道，肺泡是气体交换的主要场所，肺泡内气体能与空气进行气体交换，是由于肺的舒张、收缩引起肺泡内压周期性变化，造成肺泡与外界大气压之间的压力差而引起，但是肺组织本身不能够进行主动的舒张、收缩运动，因此要依赖胸廓和呼吸肌的节律性运动来实现。

一、呼吸运动

呼吸运动表现为胸廓节律性地扩大和缩小，可分为吸气动作和呼气动作两个时相。参与呼吸运动的肌肉称为呼吸肌，其中能使胸廓扩大而产生吸气动作的肌肉为吸气肌，主要有膈肌和肋间外肌；使胸廓缩小而产生呼气动作的肌肉为呼气肌，主要有肋间内肌和腹壁肌。当用力呼吸时，还有一些辅助呼吸肌参与，如斜角肌、胸锁乳突肌和胸背部的其他肌肉。

(一)吸气动作

平静呼吸时，吸气动作是一个主动性的过程，可以使胸腔前后径、左右径和背腹径变大，主要是膈肌和肋间外肌相互配合收缩的结果。吸气时，膈肌收缩，膈向后移动，膈肌的隆起中心向后退缩，使胸腔前后径加长，同时腹内压升高，腹壁向下凸出；肋间外肌收缩时，肋骨向前向外移动，胸骨也随着向前向下移动，使胸腔左、右横径加宽。这样胸腔就扩大了，肺被动牵引而扩张，肺容积扩大，肺内压低于大气压，外界空气顺压力梯度进入肺内，引起吸气。随着空气的进入，肺内压又逐渐上升，当升至与大气压相等时，吸气停止。

(二)呼气动作

呼气动作在平静呼吸时是被动性的过程，是靠膈肌和肋间外肌舒张，腹腔脏器向前挤压，膈、肋骨和胸骨自然恢复原位，结果胸腔前后径、左右径和背腹径都缩小，肺容积减少，使肺内压上升大于大气压，肺内气体经呼吸道被压出体外，完成呼气运动。随着气体的排出，肺内压又逐渐下降，当降至与大气压相等时，呼气停止。

动物用力呼吸时，除膈肌和肋间外肌舒张外，肋间内肌和腹部肌群也参与收缩活动，因肋间内肌肌纤维的走向与肋间外肌相反，腹部肌肉收缩又挤压腹腔脏器向前移位，迫使胸腔和肺的容积变得更小，呼气动作变得更为明显，这时呼气动作是主动过程。

(三)呼吸运动的形式

根据引起呼吸运动的主要肌群的不同和胸腹部起伏变化的程度，呼吸型可分为三种：

(1)腹式呼吸　呼吸时以膈肌舒缩、腹部起伏为主的呼吸运动。

(2)胸式呼吸　呼吸时以肋间肌舒缩、胸部起伏为主的呼吸运动。

(3)胸腹式呼吸　呼吸时，肋间外肌和膈肌都同等程度地参与活动，胸部和腹部都有明显起伏运动的呼吸形式。一般情况下，健康动物的呼吸多属于胸腹式呼吸类型。

知识链接

认识呼吸型的意义

了解动物正常的呼吸型对于疾病的认识是有帮助的。如患胸膜炎时，动物主要靠膈肌运动来呼吸，以避免胸廓运动引起炎症部位的疼痛，这时表现为腹式呼吸。当腹部患有疾病时，如腹膜炎、胃肠炎时，则以胸式呼吸明显。

二、胸膜腔内压

(一)概述

呼吸运动中，肺之所以随胸廓的运动而运动，是因为在肺和胸廓之间存在一密闭的潜在的胸膜腔和肺本身具有可扩张性的缘故。胸膜有两层：内层是脏层，紧贴于肺的表面，外层是壁层，紧贴于胸壁内侧。正常情况下，两层胸膜之间实际没有真实的空间，内有少量的浆液将它们黏附，浆液的黏滞性很低，在呼吸运动时，两层胸膜可相互滑动，减少摩擦力，在两层膜之间起到润滑作用。此外，浆液分子内聚力使两层胸膜贴附在一起不易分开，胸廓扩张时，肺就可以随胸廓的运动而运动。

若胸膜腔破裂与大气相通，空气就进入胸膜腔，形成气胸，造成两层胸膜彼此分开，肺将因其回缩力而塌陷。

知识链接

气胸的危害

气胸形成后，虽然呼吸运动仍然进行，但是肺失去随胸廓运动而运动的能力，肺通气无法进行，且对血液和淋巴循环造成影响，如果不紧急处理，就会危及生命。

胸内压又称胸膜腔内压，是指胸膜腔内压力，此压力为负值。胸内压可用直接法和间接法进行测定，其中直接法测定胸内压是将连于水银检压计的针头经胸壁插入胸膜腔内，检压计的液面即可直接指示胸膜腔内的压力值(图 4-2)。

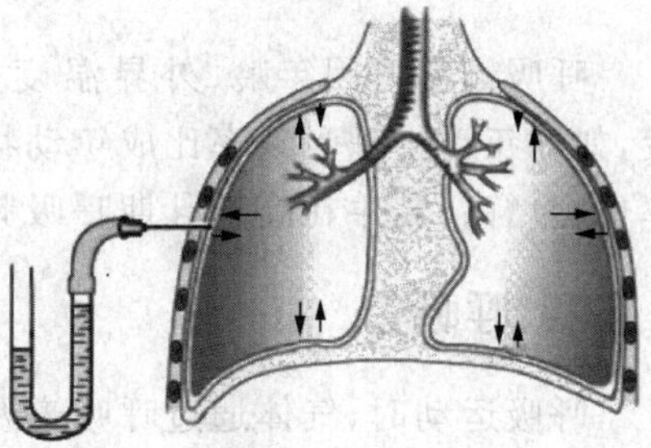

图 4-2　胸内压的直接测定

(二)胸内负压的形成原理

胸内压为何是负值？胸膜壁层的表面由于受到坚固的胸腔和肌肉的保护，作用于胸壁的大气压影响不到胸膜腔，所以胸膜腔内的压力是通过胸膜脏层作用于胸膜腔内，作用于胸膜脏层的力有两种：一是肺内压，即肺泡内压力，使肺泡扩张，通常在吸气和呼气之末，肺内压等于大气压；二是肺的回缩力，肺是一弹性组织，而且始终处于一定的扩张状态，具有弹性回缩力，使肺泡缩小。因此，胸膜腔内的压力实际上是这两种相反力的代数和，即：

胸内压＝肺内压(大气压)－肺回缩力

可见胸内压通常低于大气压，习惯上把低于大气压的压力称为负压，所以胸内压也称为胸内负压，若以大气压视为生理“0”标准，则：

胸内压＝－肺回缩力

所以，胸腔内负压是由肺的回缩力形成的，在一定限度内，肺越扩张，肺的回缩力就越大，胸腔内负压的绝对值也越大。正常动物在平静呼吸的全过程中，胸内压持续存在，并随着呼吸周期而变化。吸气时，肺扩张，肺的回缩力增大，胸内负压也增大。呼气时，肺缩小，肺回缩力减小，胸内压力减小。如马在平和呼吸时，吸气末胸内负压值为－2.133 kPa，呼气末为－0.79 kPa。

(三)胸内压负压的生理意义

胸内负压有重要的生理意义。首先是负压对肺的牵张作用，使肺泡保持充盈气体的膨隆状态，保证肺泡与血液持续进行气体交换，有利于肺通气；其次，胸内负压对胸腔内其他器官有明显影响。如吸气时，胸内负压加大，引起腔静脉和胸导管扩张，促进静脉血和淋巴回流。也可作用于食管，利于呕吐反射，对反刍动物的逆呕也有促进作用。

三、呼吸频率

每分钟的呼吸次数称为呼吸频率，各种动物的呼吸频率如表4-1所示。

表4-1　各种动物的呼吸频率　　次/min

动物	频率	动物	频率
马	8～16	犬	10～30
牛	10～30	兔	50～60
水牛	9～18	猫	10～25
绵羊	12～24	猪	15～24
山羊	10～20	鸡	22～25

呼吸频率可因年龄、外界温度、海拔高度、新陈代谢强度以及疾病等的影响而发生改变，如幼年动物呼吸频率比成年动物的略高；在气温高、寒冷、高海拔、使役等条件下，呼吸频率也会增高；乳牛在高产乳期呼吸频率高于平时。

四、呼吸音

呼吸运动时，气体通过呼吸道及出入肺泡产生的声音叫作呼吸音，在肺部表面和颈部气管附近，可以听到下列呼吸音。

(一)肺泡呼吸音

类似于“V”的延长音，是由于空气进入肺泡，引起肺泡壁紧张所产生，正常的肺泡呼吸音在吸气时能够较清楚地听到，肺泡音的强弱取决于呼吸运动的深浅、肺组织的弹性及胸壁的厚度。当动物剧烈呼吸时如用力、兴奋、疼痛等，肺泡音加剧。当肺部气体含量减少，例如肺炎初期或肺泡受到液体压迫时则肺泡呼吸音减弱。

(二)支气管呼吸音

类似于“Ch”的延长音，在喉头和气管常可听到(在呼气时能听到较清楚的支气管音)，小动物和很瘦的大动物亦可在肺的前部听到，健康动物的肺部一般只能听到肺泡呼吸音。

知识点二　气体交换

动物机体通过呼吸运动吸入新鲜空气，进入肺泡的空气和肺毛细血管的血液进行气体交换，氧气由肺泡进入血液，并随血液运输到全身各组织，在组织中再进行一次气体交换，最后进入组织细胞。组织细胞代谢所产生的二氧化碳，经组织液进入血液，随血液循环到肺，进入肺泡，通过呼气运动排出体外。在呼吸过程中气体交换发生在两个部位：一是肺与血液间的气体交换，称肺换气；二是组织细胞与血液间的气体交换，称组织换气。呼吸时气体的交换是通过气体分子的扩散运动实现的，推动气体分子扩散的动力来源于不同气体分压之间的差值。

一、气体交换原理

各种气体都具有弥散性，从分压高处向分压低处产生净移动，称为气体扩散，是气体交换的原理。混合气体中，每种气体分子运动所产生的压力为该气体的分压。它们混合气体的总压力乘以各组成气体在混合气体中所占的容积百分比求得。肺泡气、血液、组织内 $p(O_2)$ 和 $p(CO_2)$ 各不相同，彼此间存在着分压差，是驱使气体交换的动力。

二、肺换气

（一）肺换气的过程

肺泡与肺毛细血管血液之间的交换，称肺换气。肺换气是通过呼吸膜完成的（图 4-3）。

随着肺通气的不断进行，空气进入肺内，肺泡内和毛细血管血液中的 $p(CO_2)$ 和 $p(O_2)$ 发生变化。肺泡内 $p(CO_2)$ 为 5.33 kPa，$p(O_2)$ 为 13.59 kPa，而血液中 $p(O_2)$ 为 5.33 kPa，$p(CO_2)$ 为 6.13 kPa，由此可见，肺泡内 $p(O_2)$ 比毛细血管血液（含混合静脉血）内高，$p(CO_2)$ 低于混合静脉血。因此，肺泡中的 O_2 透过呼吸膜扩散入毛细血管内，使静脉血变成动脉血，CO_2 则透过呼吸膜扩散进入肺泡内。

（二）影响肺换气的因素

影响肺换气的因素主要有呼吸膜厚度、呼吸膜面积、肺血流量。

1. 呼吸膜的厚度

呼吸膜是肺泡与肺毛细血管血液之间的结构，由六层结构组成（图 4-4），肺泡气通过呼吸膜与血液气体进行交换。虽然呼吸膜有六层结构，但却很薄，总厚度不到 1 μm，有的地方只有 2 μm，气体易于扩散通过。气体扩散速率与呼吸膜的厚度呈反比，膜越厚，单位时间内交换的气体量就越少，所以在病理条件下，如患肺炎时呼吸膜增厚，通透性降低，影响肺换气。

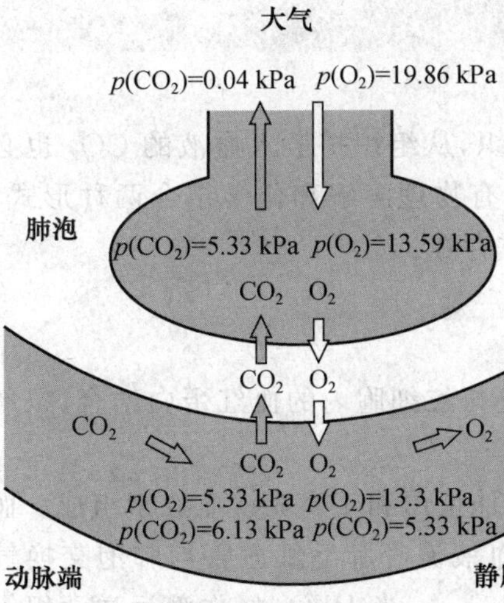

图 4-3　肺换气示意图

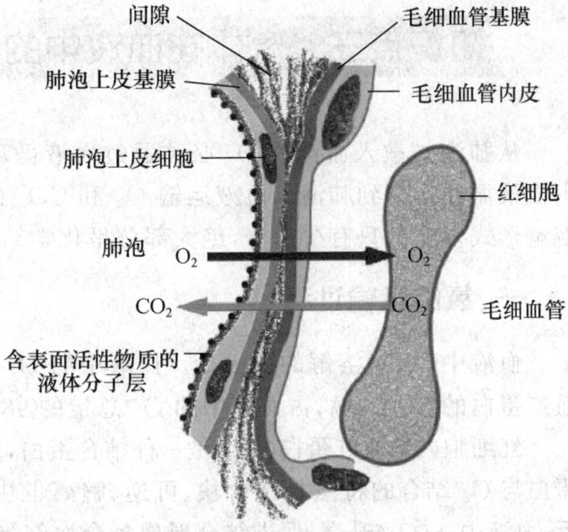

图 4-4　呼吸膜结构示意图

2. 呼吸膜面积

呼吸膜的面积极大，所以为 O_2 与 CO_2 在肺部的气体交换提供了巨大的表面积。一般来讲，呼吸膜面积越大，扩散的气体量就会越多。当动物运动或使役时，呼吸面积会增大；患肺气肿时，由于肺泡融合使扩散面积减小，使气体交换出现障碍。

3. 肺血流量

机体内的 O_2 与 CO_2 靠血液循环运输，所以单位时间内肺血流量增多会影响呼吸膜两侧的 $p(O_2)$ 与 $p(CO_2)$，从而影响肺换气。

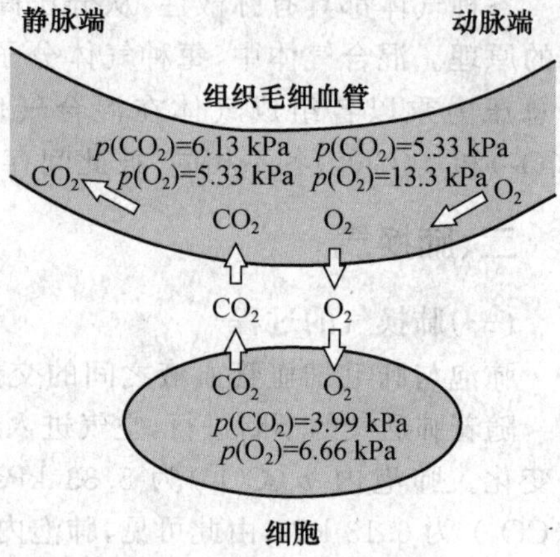

图 4-5　组织换气示意图

三、组织换气

(一)组织换气的过程

血液与组织的气体交换是指组织中的气体通过组织细胞和组织毛细血管壁，与血液中的气体进行交换。在组织内由于细胞有氧代谢不断消耗 O_2，并产生 CO_2，使组织中 $p(O_2)$ 低于动脉血，而 $p(CO_2)$ 高于动脉血。当动脉血流经组织毛细血管时，O_2 便顺分压差由血液向组织扩散，CO_2 则由组织向血液扩散，使动脉血因失去 O_2、得到 CO_2 而变成了静脉血(图 4-5)。

(二)影响组织换气的因素

影响组织换气的因素除了与影响肺换气的因素基本相同外，还受组织细胞代谢水平以及组织血流量的影响。

当血流量不变，代谢增强，耗氧量增大，$p(O_2)$ 下降，$p(CO_2)$ 升高；当代谢强度不变，血流量增大，$p(O_2)$ 升高，$p(CO_2)$ 下降。

以上气体分压的变化将直接影响气体扩散和组织换气功能。

知识点三　气体在血液中的运输

从肺泡扩散入血液的 O_2 必须通过血液循环到组织，从组织扩散入血液的 CO_2 也必须由血液循环运输到肺泡。血液运输 O_2 和 CO_2 的方式有物理溶解和化学结合两种形式，以溶解形式存在的只有少部分，绝大部分呈化学结合形式存在。

一、氧的运输过程

血液中的 O_2 溶解的量极少。血液中的 O_2 主要是与红细胞内的血红蛋白结合，以氧合血红蛋白的形式运输，占血液中的 O_2 总量的 98.5%。

红细胞内的血红蛋白(Hb)是一种结合蛋白，由一个珠蛋白和 4 个亚铁血红素组成。血红蛋白与 O_2 结合的特点是结合快、可逆、解离也快。当血液流经肺毛细血管与肺泡交换气体后，血液中 $p(O_2)$ 升高，促进结合形成氧合血红蛋白(HbO_2)。当 HbO_2 经血液运送至组织毛细血管时，组织中 $p(O_2)$ 低时，氧合血红蛋白迅速解离为脱氧血红蛋白(HHb)，释放出 O_2。

$$Hb + O_2 \underset{p(O_2)\text{低时(组织)}}{\overset{p(O_2)\text{高时(肺)}}{\rightleftharpoons}} HbO_2$$

每 100 mL 血液中，Hb 所能结合的最大 O_2 量称为 Hb 氧容量（血氧容量）。血红蛋白实际结合 O_2 量称为 Hb 的氧含量（血氧含量）。Hb 氧含量和氧容量的百分比为 Hb 氧饱和度。通常情况下，由于血液中溶解的 O_2 甚少，可以略而不计。因此，常以血红蛋白氧容量代表血氧容量，以血红蛋白氧含量代表血氧含量，以血红蛋白氧饱和度代表血氧饱和度。

HbO_2 呈鲜红色，多见于动脉血中，HHb 呈暗红色，静脉血中含量大，所以动脉较静脉血鲜红。

二、二氧化碳的运输

血液中 CO_2 的运输是以化学结合方式为主，约占总量的 95%，而以溶解形式存在的量约占 5%左右。二氧化碳化学结合运输的形式有两种：一是形成碳酸氢盐，约占 88%；二是与血红蛋白结合成氨基甲酸血红蛋白，约占 7%。

（一）碳酸氢盐形式

组织中的 CO_2 扩散进入血液后，少量在血液中缓慢的与水结合形成碳酸，绝大部分进入红细胞，由于红细胞内碳酸酐酶（CA）较丰富，可使进入的 CO_2 和 H_2O 迅速生成 H_2CO_3，又迅速解离成为 H^+ 和 HCO_3^-。

$$CO_2 + H_2O \xrightleftharpoons{CA} H_2CO_3 \rightleftharpoons H^+ + HCO_3^-$$

随着生成 HCO_3^- 的增多，当超过血浆中含量时，HCO_3^- 可透过红细胞膜扩散进入血浆，此时有等量的 Cl^- 由血浆扩散进入红细胞，以维持细胞内外正负离子平衡。这样，HCO_3^- 不会在红细胞内积聚，使反应向右方不断进行，利于组织中产生的 CO_2 不断进入血液。

所生成 HCO_3^-，在红细胞内与 K^+ 结合，在血浆内与 Na^+ 结合，分别以 $KHCO_3$ 和 $NaHCO_3$ 形式存在，所生成的 H^+ 大部分与 Hb 结合成为 HHb。

以上各项反应均是可逆的，当碳酸氢盐随血液循环到肺毛细血管时，新解离出的 CO_2 经扩散被交换到肺泡中，随动物的呼气，将 CO_2 排出体外。

（二）氨基甲酸血红蛋白

一部分进入红细胞内的 CO_2，与血红蛋白的氨基（$—NH_2$）相结合，形成氨基甲酸血红蛋白（Hb—NHCOOH）进行运输，亦称碳酸血红蛋白（$HbCO_2$）。

$$Hb—NH_2 + CO_2 \xrightleftharpoons[\text{在肺中}]{\text{在组织}} Hb—NHCOOH$$

氨基甲酸血红蛋白是不稳定的化合物，这一反应很快，无须酶的催化。在组织毛细血管内，CO_2 容易结合形成 Hb—NHCOOH；在肺毛细血管部，Hb—NHCOOH 被迫分离，促使 CO_2 释放进入肺泡，最后被呼出体外。

知识点四　呼吸运动的调节

呼吸运动是一种节律性的活动，其深度和频率与机体代谢相适应。机体是通过神经和体液的调节使呼吸运动正常而有节律地进行，同时还能依机体不同情况需要，改变呼吸运动的节律和深度，以适应机体的需要。

一、神经调节

参与呼吸运动的肌肉属于骨骼肌，没有自动产生节律性收缩的能力，呼吸运动依靠呼吸中枢的节律性兴奋而有节律地进行。

(一)呼吸中枢

呼吸中枢是指中枢神经系统内发动和调节呼吸运动的神经细胞群所在的位置，它们分布在大脑皮层、间脑、脑桥、延髓和脊髓等部位，脑的各级部位在呼吸节律的产生和调节中所起的作用不同，正常的呼吸运动是在各级呼吸中枢的相互配合下进行的。

1. 脊髓

脊髓是呼吸运动的初级中枢，有支配呼吸肌的运动神经元，脊髓是联系上位呼吸中枢和呼吸肌的中继站和整合某些呼吸反射活动的基本中枢。

2. 延髓和脑桥

呼吸运动的基本中枢在延髓，延髓中的呼吸神经元集中分布在背侧和腹侧两组神经核团内。脑桥前端的两对神经核团，可能的作用是限制吸气并促使吸气向呼气转化。

3. 高级呼吸中枢

脑桥以上部位，如大脑皮层、边缘系统、下丘脑等对呼吸也有影响。低位脑干的呼吸调节系统是不随意的自主呼吸调节系统，如情绪激动、血液温度升高时，通过对边缘系统和下丘脑体温调节中枢的刺激作用，反射性引起呼吸加快加强。而高位脑的调控是随意的，大脑皮层可以随意控制呼吸，在一定限度内可以随意屏气或加强加快呼吸，使呼吸精确而灵敏的适应环境的变化。

(二)呼吸的反射性调节

呼吸节律虽然产生于脑，然而呼吸活动可受机体内、外环境各种刺激的影响使呼吸发生反射性改变，其中最重要的是肺牵张反射。

1. 肺牵张反射

肺牵张反射是由肺扩张或缩小引起的吸气抑制或兴奋的反射(图 4-6)。它由肺扩张反射(肺扩张引起吸气反射性抑制)和肺缩小反射(肺缩小引起反射性吸气)组成。肺扩张反射的感受器位于气管到支气管的平滑肌中，属牵张感受器，传入纤维在迷走神经干内。吸气过程中，当肺扩张到一定程度时，牵张感受器兴奋，冲动沿迷走神经传入延髓，在延髓内经一定的神经联系，导致吸气终止，转入呼气。维持了一定的呼吸频率和深度。所以，切断迷走神经后，吸气延长，呼吸加深变慢。

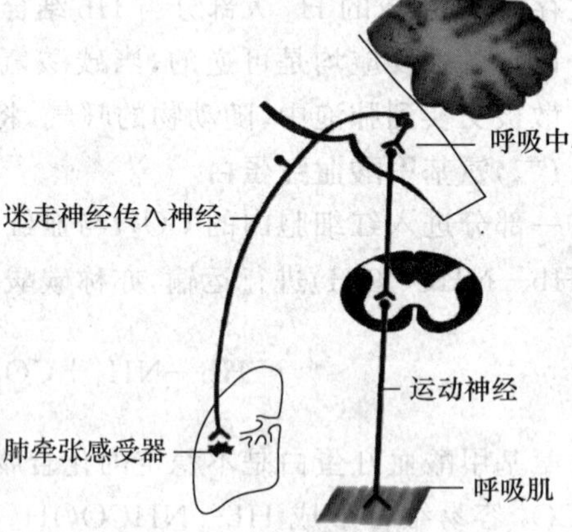

图 4-6　肺牵张反射示意图

2. 呼吸肌本体感受性反射

和其他骨骼肌一样，呼吸肌被牵拉时，刺激位于肌梭内的本体感受器，可反射性引起呼吸肌收缩，这一反射活动为呼吸肌本体感受性反射，其意义在于克服呼吸道阻力，加强吸气肌、呼气肌的收缩，保持足够的肺通气量。

3. 防御性呼吸反射

在整个呼吸道都存在着防御性呼吸反射感受器，它们是分布在黏膜上皮的迷走传入神经末梢，受到机械或化学刺激时，引起防御性呼吸反射，以清除异物，避免其进入肺泡。

(1)咳嗽反射　感受器位于喉、气管和支气管的黏膜。大支气管以上部位的感受器对机械刺激敏感，支气管以下部位的对化学刺激敏感。传入冲动经舌咽神经、迷走神经传入延髓，触发一系列协调的反射效应，引起咳嗽反射。剧烈咳嗽时，因胸膜腔内压显著升高，可阻碍静脉回流，使静脉压和脑脊液压升高。

(2)喷嚏反射　刺激作用于鼻黏膜感受器，传入神经是三叉神经，呼出气主要从鼻腔喷出，以清除鼻腔中的刺激物。

(三)呼吸的化学性调节

机体通过呼吸运动调节血液中 O_2、CO_2、H^+ 的浓度，而动脉血中 O_2、CO_2、H^+ 的浓度又可以通过化学感受器反射性的调节呼吸运动。

化学感受器是指其适宜刺激是化学物质的感受器，按所在部位可把参与呼吸调节的化学感受器分为外周化学感受器和中枢化学感受器，参与呼吸调节的化学感受器对血液中的 O_2、CO_2、H^+ 的浓度非常敏感。

(1)外周化学感受器　颈动脉体和主动脉体是调节呼吸和循环的重要外周化学感受器，能感受到动脉血 $p(O_2)$、$p(CO_2)$ 和 H^+ 浓度的变化。当动脉血中 $p(O_2)$ 降低、$p(CO_2)$ 和 H^+ 浓度升高时，可反射性引起呼吸加深加快。在呼吸调节中颈动脉体的作用远大于主动脉体。$p(O_2)$ 降低、$p(CO_2)$ 和 H^+ 浓度升高这三种刺激，对化学感受器的刺激有协同作用，能增强呼吸运动，有利于吸入 O_2 和呼出 CO_2。

(2)中枢化学感受器　位于延髓腹外侧浅表部位。中枢化学感受器的生理刺激是脑脊液和局部细胞外液中的 H^+。血液中的 CO_2 能迅速透过血—脑屏障，与脑脊液中的 H_2O 结合成 H_2CO_3，然后解离出 H^+，刺激中枢化学感受器。中枢化学感受器的兴奋通过一定的神经联系，能引起呼吸中枢的兴奋，增强呼吸运动。但脑脊液中碳酸酐酶的含量少，CO_2 水合反应慢，所以对 CO_2 的反应有一定时间延迟。血液中的 H^+ 不易通过血—脑屏障，故血液 pH 的变化对中枢化学感受器的直接作用不大。

二、CO_2、pH 和 O_2 对呼吸的影响

1. CO_2 的影响

CO_2 是调节呼吸最重要的、经常起作用的生理性体液因子，一定水平的 $p(CO_2)$ 对维持呼吸和呼吸中枢的兴奋性是必要的。当吸入气中 CO_2 含量升高时，肺泡气及动脉血液 $p(CO_2)$ 随之升高，呼吸加快加深，肺通气量增加，以促进 CO_2 的排出，使肺泡气与动脉血液 $p(CO_2)$ 可维持接近正常水平。但当吸入气 CO_2 含量超过一定水平时，肺通气量不能作相应增加，致使肺泡气、动脉血 $p(CO_2)$ 陡升，CO_2 堆积，压抑中枢神经系统的活动，包括呼吸中枢，发生呼吸困难，头痛、头昏，甚至昏迷，出现 CO_2 麻醉。

CO_2 调节呼吸的作用是通过中枢、外周两条途径实现的，以中枢机制为主，如果去掉外

周化学感受器的作用，CO_2 的通气反应仅下降约 20%，可见中枢化学感受器在 CO_2 通气中起主要作用。但在动脉血 $p(CO_2)$ 突然大增时及中枢化学感受器受抑制时，CO_2 的反应降低时，外周化学感受器就起重要作用。

2. pH 的影响

当动脉血 H^+ 浓度增加，呼吸加深加快，肺通气增加，当 H^+ 浓度降低，呼吸就受到抑制。H^+ 浓度调节呼吸的作用也是通过中枢、外周两条途径实现的，中枢化学感受器对 H^+ 的敏感性约为外周的 25 倍，但是由于血脑屏障的存在，限制了它对中枢化学感受器的作用，脑脊液中的 H^+ 才是中枢化学感受器的最有效刺激。

3. O_2 的影响

当吸入气 O_2 含量降低时，肺泡气、动脉血 $p(O_2)$ 都随之降低，呼吸加深加快，肺通气增加，缺氧对延髓的呼吸中枢有直接的抑制作用，当严重缺氧时，外周化学感受器的兴奋呼吸作用不足以克服低氧对中枢的抑制作用，将导致呼吸障碍，甚至呼吸停止。

上述三因素是相互联系、相互影响的，在探讨它们对呼吸的调节时，必须全面地进行观察分析，才能有正确的结论。

知识点五　禽类的呼吸特点

禽类呼吸系统由肺和呼吸道两部分组成。呼吸道包括鼻、咽、喉、气管、鸣管、支气管及其分支、气囊及某些骨骼中的气腔。禽类的肺约 1/3 嵌于肋间隙内，扩张性不大，肺各部均与各个气囊直接连通。

一、呼吸运动

禽类不具有像哺乳动物那样明显完善的膈肌，胸腔和腹腔之间仅由一层薄膜相隔，胸腔内的压力与腹腔内压几乎完全相等，不存在经常性负压，即使造成气胸，也不像哺乳动物那样导致肺萎缩。

禽类的肺比较小，弹性较差，紧贴在胸腔的背侧面，被相对固定在肋骨间，禽类的呼吸运动主要靠强大的吸气肌和呼气肌的收缩来完成。

气囊是禽类特有的器官，一般有 9 个，容积很大，是肺的衍生物，位于胸腹腔的内脏与体壁之间。气囊具有一定的生理功能，主要有：

(1)气囊的空气在呼气和吸气时能进入肺，增大了肺通气量，从而能够适应禽体旺盛的新陈代谢需要。

(2)对于水禽，气囊内储存有大量空气，在其潜水寻觅食物呼吸暂停情况下仍可利用气囊内的气体在肺部进行气体交换。

(3)气囊的位置都偏向身体背侧，即可调节飞禽在飞翔时重心，也有利于水禽在水上漂浮。

(4)在呼气时能呼出气囊内的一定水气，可带走一定的体热，协助调节体温。

(5)腹气囊紧贴着睾丸，能降低睾丸的温度，有利于精子的形成。

禽类吸气时，胸腔容积加大，气囊容积也加大，内压下降。肺受牵拉而稍有扩张，肺内压也下降，气体进入肺，再由肺入气囊。呼气肌收缩时，则发生相反的过程。在平静呼吸时，呼气也是主动过程。

禽类吸气时，外界空气进入支气管和侧支气管后，其中的一部分气体继续经副支气管、细支气管到达毛细血管。毛细血管壁上有许多膨大部，叫作肺房，相当于哺乳动物的肺泡，是气体交换的场所；气体也经各级支气管、肺房进入气囊。在呼吸周期中，气体运行在肺内的同时，气囊中的部分气体经回返支气管，最后也到达毛细气管通道区进行气体交换。这样，禽类每呼吸一次就能在肺内进行两次气体交换，这是禽类呼吸生理最突出的特征，其意义是使禽类有足够的机会满足气体交换的需要。

二、气体交换与运输

禽类气体交换面积很大，与哺乳动物一样，禽类气体交换的动力也是动、静脉血液中 O_2 和 CO_2 的分压差，禽类气体运输方式基本上也与哺乳动物相似。

三、呼吸运动的调节

禽类呼吸中枢位于脑桥和延髓的前部，在紧靠脑桥的后部切断脑时，呼吸完全停止，这说明仅保留延髓的完整性并不能维持呼吸运动。禽类中脑前背区有喘气中枢，刺激时出现浅快的急促呼吸，肺和气囊壁上存在着牵张感受器，如有牵张刺激，可经迷走神经传入中枢，引起吸气与呼气之间的转换。禽类血液中的 CO_2 与 O_2 对呼吸运动有明显影响，血液中 $p(CO_2)$ 上升时刺激肺内 CO_2 感受系统和颈动脉体化学感受器，兴奋经迷走神经传入后可兴奋呼吸。禽类在缺氧时可使呼吸中枢抑制，但可以通过外周化学感受器兴奋呼吸。

复习思考

1. 简述呼吸运动的形式。
2. 试述胸膜腔内负压的形成及生理意义。
3. 影响肺换气的因素有哪些？
4. 气体在血液中如何运输？

Project 5

认知消化生理

学习目标

理解消化腺分泌过程与特点；
掌握单胃动物胃肠的消化过程；
掌握瘤胃中蛋白质和糖类的消化过程；
能观察到胃肠的各种运动；
能通过观察分析渗透压等因素对小肠吸收的影响。

动物在生命活动过程中，需要不断地采食饲料，摄取其中的营养物质，氧化分解产生能量，供机体利用。饲料中的营养物质包括蛋白质、脂肪、糖类（主要为纤维素和淀粉）、水、无机盐和维生素。其中水、无机盐和维生素一般可以直接被机体吸收利用，而蛋白质、糖类和脂肪为大分子物质，必须在消化道内经过较长时间的作用分解为小分子物质后，才能被机体吸收利用，这个过程即为消化。

知识点一　消化系统特性与基本功能

一、消化方式

动物的消化方式有三种：

（一）机械性消化（物理性消化）

通过咀嚼和胃肠运动，使大块饲料变为小块，并沿消化管向后移动，同时与消化液充分混合，使食糜与消化管壁充分接触，以利于消化吸收，最后把消化吸收后的饲料残渣从消化管末端排出。

（二）化学性消化

消化腺所分泌的消化液中含有能水解蛋白质、糖类和脂肪的酶，促进饲料分解。此外，植物性饲料本身也含有相应的酶，也参与消化作用。

（三）生物学消化（微生物消化）

生物学消化是指消化管内的微生物所参与的消化过程。微生物所产生的酶，可以使饲料营养成分分解，尤其是对纤维素类物质的消化起了关键作用。这种消化对于草食动物具有重要的生理意义。

上述三种消化方式在消化过程中，是同时进行、互相协调的。但各类动物的消化管有其不同的结构特点，其消化方式也各有侧重。对于草食动物（包括反刍动物），微生物的发酵作用非常重要。犬、猫等肉食动物以化学性消化为主，猪等杂食动物的饲料消化除消化酶的作用外，大肠内微生物的作用也较重要。

二、消化管平滑肌的特性

在整个消化道中，除口、咽、食管上端和肛门外括约肌是横纹肌外，其余都由平滑肌组成。消化管平滑肌除具有肌肉组织所共有的兴奋性、收缩性等生理特征外，又有它自己的特性：

①兴奋性较低，收缩缓慢。

②富有伸展性，能适应实际需要而伸展，最长时可为原来长度的 2～3 倍，适宜于容纳食物。

③紧张性。平滑肌经常保持在一种微弱的持续收缩状态，具有一定的紧张性。它使消化道的管腔内保持一定的基础压力和消化道各部分一定的形状和位置。它不依赖于中枢神经系统的调控，但受中枢神经系统和激素的调节。

④自动节律性运动是肌原性的，但整体上受神经和体液因素的调节。

⑤对化学、温度和机械牵张刺激较为敏感。

三、消化腺的分泌

动物消化腺包括唾液腺、胃腺、胰腺、肠腺和肝脏。这些腺体分泌的消化液主要参与化学性消化。

腺细胞分泌是主动活动过程，为周期性分泌，它包括由血液内摄取原料，在细胞内合成分泌物，将分泌物由细胞内排出以及细胞结构和机能的恢复等一连串的复杂活动。消化液主要成分是酶、其他有机物、电解质和水等。消化液的主要功能是：①通过分泌黏液、抗体和大量液体，保护消化道黏膜，防止物理性和化学性的损伤；②改变消化腔内的 pH，使之适应于消化酶活性的需要；③水解结构复杂的食物成分，使之便于吸收；④稀释食糜，使之与血浆的渗透压相等，以利于吸收。

(一)唾液腺的分泌

动物口腔内有腮腺、颌下腺和舌下腺三大唾液腺，此外还有无数散在的小唾液腺。唾液是由这些大小唾液腺分泌的混合液。

一昼夜唾液分泌量，猪约 15 L，马约 40 L，牛为 100～200 L，往往受饲料种类影响而发生变异。

(二)胃腺的分泌

1. 单胃动物胃腺的分泌功能

(1)胃腺的分泌　单胃黏膜分为贲门腺区、胃底腺区和幽门腺区，马和猪等动物在近食管端有无腺体区。胃底腺区黏膜中有壁细胞、主细胞和黏液细胞，分别分泌盐酸、胃蛋白酶原和黏液。壁细胞还分泌内因子，幽门腺黏液细胞分泌碱性黏液，幽门腺区还有“G”细胞，分泌胃泌素。

(2)胃液分泌的调节　胃液分泌受神经和体液双重调节。根据动物不同生理状态可把胃液的分泌分为基础胃液分泌和消化期胃液分泌。基础胃液分泌是指动物在空腹 12～24 h 后的胃液分泌。05:00～11:00 最低，14:00 到次日 01:00 最高，这与迷走神经的紧张性及少量胃泌素自发释放有关。动物进食后的胃液分泌称消化期胃液分泌，一般按感受食物刺激的部位先后分成头期、胃期和肠期三个阶段。

头期：食物进入口腔后直接刺激口腔和咽部感受器而引起的。可用“假饲”实验得到证明。先在动物胃部安装瘘管以收集胃液，再做食管瘘管手术。这样，动物进食时吞咽下的食物就由食管瘘管口漏出。感受器受到刺激后传入冲动到中枢，再由迷走神经末梢释放乙酰胆碱，一方面直接引起胃液分泌；另一方面通过刺激幽门“G”细胞释放胃泌素而引起胃液分泌(图 5-1)。

图 5-1　假饲实验

胃期：食糜进入胃后，可通过以下途径继续刺激胃液分泌：①扩张刺激胃底胃体部感受器，通过迷走神经及壁内神经丛的反射引起胃腺分泌；②扩张刺激幽门部，通过壁内神经丛作用于“G”细胞释放胃泌素，胃泌素经血液循环引起胃腺分泌；③食物的化学成分直接作用于“G”细胞，引起胃泌素的分泌。

肠期：食糜进入十二指肠后，具消化产物和机械刺激小肠黏膜的感受器，可引起小肠黏膜细胞释放激素，并经血液循环作用于胃，从而保证胃液的持续分泌。

三期胃液分泌各有其特点：头期分泌潜伏期长，分泌持续时间长，分泌量多，酸度高，酶含量高；胃期分泌酸度也相当高，含酶量较头期少；肠期分泌量较少。

饲料的不同成分对胃液分泌有一定影响：蛋白质具有强烈的刺激胃液分泌的作用，糖类也有一定的刺激作用，脂肪则抑制胃液分泌。

2. 反刍动物胃腺的分泌

反刍动物只有皱胃能够分泌胃液，过程与非反刍动物的胃相似。

皱胃有胃底腺和幽门腺两部分。胃底腺分泌的胃液为水样透明液体，含有盐酸、胃蛋白酶和凝乳酶，并有少量黏液。与单胃相比较，皱胃液的盐酸浓度较低，凝乳酶含量较多，尤其是幼龄动物。

皱胃的胃液是连续分泌的，这与食糜连续不断地流入皱胃有关。皱胃分泌的胃液量和酸度，大部分取决于瓣胃内容物流入皱胃的容量和内容物中挥发性脂肪酸的浓度，而与饲料的性质关系不大。

皱胃分泌胃液也受神经和体液的调节。副交感神经兴奋，胃液分泌增加；皱胃黏膜含有丰富的胃泌素，其体液性分泌较突出。胃泌素的释放受胆碱能纤维的控制和内容物 pH 的影响。皱胃内的 pH 常保持在 2～2.5。当 pH 升高时，胃泌素释放增加；pH 降低，则抑制胃泌素的释放。

(三)胰腺的分泌

1. 胰腺的分泌

胰腺由内、外分泌两部分组成。外分泌部占胰腺的大部分，它的腺泡分泌胰液。胰液中水分和碳酸氢盐的含量很多，酶的含量很少。胰液经胰导管输送至十二指肠内。除肉食动物外，动物的胰液是连续分泌的。

2. 胰液分泌的调节

胰液分泌受神经和体液双重控制，以体液调节为主。

(1)神经调节　食物刺激口腔和胃，都可通过迷走神经直接作用于胰腺腺体或通过胃泌素的释放而间接作用于胰腺引起胰液分泌。

(2)体液调节

①促胰液素：酸性食糜刺激小肠黏膜 S 细胞释放促胰液素，经血液循环作用于胰腺小导管的上皮细胞，使其分泌富含碳酸氢盐而含酶较少的稀薄胰液。

②胆囊收缩素(又名促胰酶素或胆囊收缩素—促胰酶素)：蛋白质分解产物和脂肪酸使前段小肠黏膜释放的胆囊收缩素，经血液循环促使胰腺分泌含碳酸氢盐较少、含酶较多的浓稠胰液。

对于胰腺的活动，促胰液素和胆囊收缩素之间有协同和相互加强作用。胃泌素也能促进胰液分泌。

(四)胆汁的分泌与排出

1. 胆汁的分泌

胆汁是由肝细胞连续分泌的。它既是一种消化分泌物，对食物脂肪的消化吸收起着重要作用，也是一种排泄物，排出含有固醇类的脂类和血红蛋白的分解产物。牛、猪、犬等有胆囊的动物分泌出来的胆汁贮存在胆囊内,消化时才从胆囊排入十二指肠。胆囊壁能分泌黏蛋白和从胆汁中吸收水分。所以胆囊内胆汁比肝胆汁浓稠。

马、鹿、骆驼等没有胆囊的动物有相当于胆囊的胆管膨大部,可代替胆囊的机能。由于肝管开口处缺乏括约肌,分泌的胆汁几乎连续地从肝管流入十二指肠。

2. 胆汁分泌与排出的调节

胆汁分泌与排出受神经和体液双重影响,主要以体液因素为主。

(1)神经调节　进食动作或食物对胃、小肠的刺激,可通过神经反射经迷走神经直接作用于肝细胞引起胆汁分泌和作用于胆囊,促使胆囊收缩,排出胆汁,还可通过释放胃泌素引起胆汁分泌。交感神经冲动能使胆汁在胆囊内储留。

(2)体液调节　胆酸盐是促进胆汁分泌的主要体液因素。胆酸盐在小肠内被迅速吸收,经门静脉回到肝脏,刺激肝细胞分泌胆汁,称为肠肝循环。此外,促胰液素和胃泌素也能促进胆汁的分泌。胆囊收缩素能引起胆囊肌收缩和胆管括约肌舒张,促进胆汁的排出。

(五)肠腺的分泌

(1)肠腺的分泌　各种动物的肠黏膜中都分布有肠腺,十二指肠黏膜下层还有十二指肠腺。这些腺体的分泌物,构成肠液。大肠液中几乎不含消化酶,对营养物质没什么消化作用,故不予介绍。小肠液的分泌是经常性的,分泌量因条件不同而变化较大。小肠液中的消化酶随食入的饲料成分而变化。当所采食的饲料中蛋白质含量多时,肠液内蛋白分解酶含量就增多。

(2)小肠液分泌的调节　食糜以及饲料消化产物对肠黏膜的局部机械刺激和胃酸,脂肪、蛋白胨和糖等化学刺激,通过肠壁内神经丛的局部反射而引起肠腺分泌。胃肠激素中,胃泌素、胆囊收缩素和血管活性肽有刺激小肠液分泌的作用。

四、胃肠的神经支配及作用

支配胃肠的神经有胃肠的内在神经和机体的植物性神经两种。

内在神经即壁内神经丛,包括神经节和无数神经纤维,这些纤维有来自肠壁或黏膜上的化学、机械或压力感受器的传入纤维,也有来自植物性神经的传出纤维。传入纤维、神经节细胞和传出纤维形成突触联系,构成一个完整的局部神经反应系统。

植物性神经包括副交感神经和交感神经的传入纤维和传出纤维。副交感神经纤维通过迷走神经和盆神经支配消化道,节前纤维终止于内在神经丛。交感神经节后纤维发自腹腔神经节,肠系膜前、后神经节和腹后神经节支配消化道。

植物性神经系统除了通过内在神经丛产生局部反射外,各级中枢可通过各种反射以调节胃肠活动。副交感神经兴奋可引起胃肠肌肉收缩增强,消化腺分泌增加;交感神经兴奋则引起其活动抑制。

五、消化道的内分泌功能

胃肠道内存在很多内分泌细胞,它们不像其他内分泌腺那样由许多细胞聚合在一起,而是个别地分散于胃肠道黏膜上皮细胞之间,总数很多(40 多种),从功能上可以说是体内最大、最复杂的内分泌器官。这些细胞都具有摄取胺前体和脱羧而产生肽类激素和活性胺的能力,统称为 APUD 细胞。

由 APUD 细胞所分泌的激素总称为胃肠激素，这些激素与神经系统共同调节消化器官的运动、分泌及吸收等活动。主要胃肠激素的生理功能见表 5-1。

表 5-1　主要胃肠激素、肽类物质的生理功能

激素名称	生理功能
胆囊收缩素	胆囊收缩，胰酶分泌，加强胰泌素引起的 HCO_3^- 分泌、抑制胃排空、促进胰外分泌组织生长、小肠平滑肌收缩
胰泌素	促进胆汁、胰液中的 HCO_3^- 分泌，加强胆囊收缩素引起的胰酶分泌，抑制胃酸分泌
肠抑胃肽	引起胰岛素释放，抑制胃酸分泌
胃动素	引起消化期间的胃肠运动
血管活性肠肽	抑制胃酸、胃泌素分泌及胃运动，刺激胰 HCO_3^-、胰酶、胰岛素和肠液分泌
P 物质	刺激肠平滑肌收缩
生长抑素	抑制胃液、胰液分泌，抑制多种胃、肠、胰激素释放
神经降压素	抑制胃酸、胰岛素分泌，刺激胰高糖素分泌，血糖升高，血压下降
胃泌素	促进胃酸分泌、胃窦收缩、消化道黏膜生长

知识点二　口腔内消化

动物口腔内的消化活动以机械性消化为主，包括采食、饮水、咀嚼和吞咽等过程。

一、采食和饮水

各种动物食性不同，采食方式也不同，但主要的采食器官都是唇、舌、齿，且都有颌部和头部的肌肉运动。牛主要依靠既长又灵活的舌伸到口外，将饲草卷入口内；猪喜欢用吻突掘取萝卜、草根，舍饲时靠齿、舌和头部的特殊运动采食；犬、猫等肉食动物，则常以门齿和犬齿咬扯食物，且借助头、颈运动，甚至靠前肢协助采食；绵羊和山羊主要靠舌和切齿采食，绵羊上唇有裂隙，能咬啃短的牧草。

饮水时，犬和猫把舌头浸入水中，卷成匙状，送水入口；其他动物一般先把上下唇合拢，中间留一小缝，伸入水中，然后下颌下降，舌向咽后撤，使口内空气稀薄，形成负压，把水吸入口。幼小动物吮乳也是靠下颌和舌的节律性运动来完成。

二、咀嚼

摄入口内的饲料，被送到上下颌臼齿间，在咀嚼肌的收缩和舌、颊部的配合运动下，食物被压磨粉碎，并混合唾液。牛、羊等反刍动物在采食时并不充分咀嚼，待反刍时再咀嚼；肉食动物除必须咀嚼之外，一般随采随咽，混合唾液也不多；马在咽下饲料之前咀嚼充分。

咀嚼的次数、时间与饲料的状态有关。一般湿的饲料比干的饲料咀嚼次数少，时间也比较短。

咀嚼的作用：

①粉碎饲料，并破坏其细胞的纤维膜，增加饲料的消化面积；

②使粉碎后的饲料与唾液混合，形成食团便于吞咽；

③反射地引起消化腺的活动和胃肠运动。

三、吞咽

吞咽是一种复杂的反射性动作，使食团从口腔进入胃。吞咽动作可以分为由口腔到咽、由咽到食管上端和由食管上端下行至胃三个顺序发生的时期。吞咽反射的传入神经来自第Ⅴ、Ⅸ、Ⅹ对脑神经；吞咽的基本中枢位于延髓内；支配吞咽肌的传出神经为第Ⅴ、Ⅸ、Ⅻ对脑神经；支配食管的传出神经为迷走神经。

四、唾液的生理作用

(一)唾液的性状与组成

唾液为无色透明的黏性液体，呈弱碱性反应，相对密度 1.002～1.009。唾液由约 99.4%的水分、0.6%的无机物及有机物组成。无机物中有钾、钠、钙、镁的氧化物、磷酸盐和碳酸氢盐等；有机物主要是黏蛋白和其他蛋白质。猪的唾液中还含有少量唾液淀粉酶，可分解淀粉为麦芽糖。

肉食动物在安静时分泌的唾液，pH 偏弱酸，而有食物刺激时分泌的唾液，pH 可升达 7.5 左右。反刍动物腮腺分泌的唾液 pH 可高达 8.1。

(二)唾液的作用

唾液的主要作用如下：

①浸润饲料，利于咀嚼，唾液中的黏液能使嚼碎的饲料形成食团，并增加光滑度，便于吞咽。

②溶解饲料中的可溶性物质，刺激舌的味觉感受器，引起食欲，促进各种消化液的分泌。

③帮助清除一些饲料残渣和异物，清洁口腔。

④唾液为碱性反应，进入胃无腺部或反刍动物瘤胃后，可维持该部中性或碱性环境，有利于微生物和酶对饲料的发酵作用。

⑤唾液中含有的溶菌酶具有抗菌作用，如犬用舌头舔伤口，能起清洁消毒的作用。

⑥猪等动物的唾液中有淀粉酶，能将淀粉分解为糊精和麦芽糖。

⑦水牛、犬等动物汗腺不发达，可借唾液中水分的蒸发来调节体温。

⑧反刍动物唾液中含有相当量的尿素，可被瘤胃内细菌利用，合成菌体蛋白。

此外，有些异物(如汞、铅等)和狂犬病病毒、脊髓灰质炎的病毒等也可随唾液排出。

知识点三　单胃消化

单胃动物的胃有暂时贮存饲料和初步消化饲料两大功能。

一、胃的化学性消化

(一)胃液的性质、成分

纯净的胃液无色，pH 为 0.9～1.5。胃液成分包括消化酶、黏蛋白、内因子及无机物，如盐酸、钠和钾的氯化物等。

(二)胃液的作用

(1)盐酸　盐酸由壁细胞分泌出来后，有一部分与黏液中的有机物结合称为结合酸，未被结合的部分称为游离酸，二者合称为总酸，其中绝大部分是游离酸。盐酸的作用有：

①激活胃蛋白酶原并提供酶作用所需要的酸性环境；

②使蛋白质变性而易于分解；

③杀死胃内的细菌；

④进入小肠促进胰液、胆汁及肠液的分泌；

⑤造成酸性环境有助于铁、钙的吸收。

知识链接

初生仔猪易患胃肠道疾病

初生仔猪消化腺发育不健全，盐酸的分泌较迟，胃液中盐酸含量低或完全缺乏。因此，初生仔猪蛋白质消化和杀菌能力都很弱，易受细菌感染而患胃肠道疾病，饲养中应该注意。

(2)胃蛋白酶　分泌入胃的胃蛋白酶原是没有活性的，在胃酸或已激活的胃蛋白酶的作用下转变为有活性的胃蛋白酶。胃蛋白酶在 pH 为 2 的较强酸性环境下将蛋白质水解为朊和胨，产生多肽和氨基酸较少；当 pH 升高达到 6 以上时，此酶即发生不可逆变性。

(3)黏液　黏液的主要成分是糖蛋白，分不溶性黏液和可溶性黏液两种。不溶性黏液由表面上皮细胞分泌，呈胶冻状，黏稠度很大；可溶性黏液是胃腺的黏液细胞和贲门腺、幽门腺分泌的。黏液经常覆盖在胃黏膜表面，有润滑作用，使食物易于通过；保护胃黏膜不受食物中坚硬物质的损伤；还可防止酸和酶对黏膜的侵蚀。

(4)内因子　能和食物中维生素 B_{12} 结合成复合物，通过回肠黏膜受体将维生素 B_{12} 吸收。

二、胃的运动及调节

(一)胃头区的运动

头区包括胃底和胃体的前部，其主要机能是临时贮存食物和进行微弱的紧张性收缩活动。咀嚼、吞咽食物过程刺激了咽、食管等处的感受器，反射性地通过迷走神经引起胃的头区肌肉舒张，使胃肠容量增大而胃内压力却很少增加，称容纳性舒张。

(二)胃尾区的运动

尾区包括胃体的远端和胃窦，主要作用是通过蠕动使食物与胃液充分混合并逐步将食糜排至十二指肠。食物进入胃后约 5 min，蠕动波即从胃中部开始有节律地向幽门方向推进。在推进过程中，波的深度和速度在不断增大。接近幽门时，一部分食糜被排到十二指肠，有些蠕动波只到胃窦并不到幽门。胃窦终末部的有力收缩可将胃内容物反向推回到近侧胃窦部和胃体部，以便将食物进一步磨碎。

(三)胃排空

食物由胃排入十二指肠的过程称为胃排空。消化时食物在胃内引起胃运动加强,从而使胃内压升高。当胃内压大于十二指肠内压时,食糜即由胃进入十二指肠。

(四)胃运动的调节

(1)神经调节　胃的容纳性舒张是通过迷走神经抑制性纤维实现的。通常迷走神经可增强胃肌收缩力。交感神经则降低环行肌的收缩力。食物对消化管壁的机械和化学刺激,可局部通过壁内神经丛,加强平滑肌的条件性收缩,加速蠕动。大脑皮层对胃壁肌的紧张性和蠕动运动亦有显著的影响。

(2)体液调节　胃泌素使胃肌收缩的频率和强度增加。促胰液素和抑胃肽抑制胃的收缩。

知识点四　复胃消化

复胃消化与单胃消化的主要区别在于前胃,除了特有的反刍、食管沟反射和瘤胃运动外,主要是在前胃内进行生物学消化。

一、瘤胃和网胃的消化

瘤胃、网胃是一种发酵罐。饲料内的可消化干物质有70%～85%,粗纤维约50%经过瘤胃的微生物动物分解,产生挥发性脂肪酸(VFA)、氨、氮、乳酸、CO_2、CH_4、H_2 等,同时还可合成蛋白质和B族维生素。

(一)瘤胃内微生物及其生存条件

1. 瘤胃内环境

瘤胃可看作是厌氧微生物繁殖的高效培养器。瘤胃具有供给微生物繁殖所需的营养物质,并不断后送;瘤胃内具有微生物生存繁殖的适宜温度,通常为39～41℃,瘤胃内容物的含水量相对稳定,渗透压接近于血液水平。饲料发酵产生的挥发性脂肪酸和氨不断被吸收入血,瘤胃食糜经常地排入后段消化道。饲料发酵产生的大量酸类,被唾液中大量的碳酸氢盐和磷酸盐所缓冲,使pH为5.5～7.5;瘤胃内容物高度乏氧。瘤胃上部气体通常含 CO_2、CH_4 及少量 N_2、H_2、O_2 等气体,H_2、O_2 主要随食物进入瘤胃内,O_2 迅速地被微生物繁殖所利用。因此瘤胃内环境经常处于相对稳定状态。

2. 瘤胃微生物及其作用

瘤胃微生物主要是厌气性纤毛虫、细菌及真菌,种类甚为复杂,并随饲料种类、饲喂制度及动物年龄等因素而变化。1 g瘤胃内容物中,含细菌150亿～250亿和纤毛虫60万～180万,其总体积约占瘤胃液的3.6%,其中细菌和纤毛虫约各占一半。

(1)纤毛虫　瘤胃的纤毛虫有全毛与贫毛两大类,都严格厌氧,依靠体内的酶能发酵糖类产生乙酸、丁酸和乳酸、CO_2、H_2 和少量丙酸,水解脂类,氢化不饱和脂肪酸,降解蛋白质。此外纤毛虫还能吞噬细菌。

瘤胃内纤毛虫的数量和种类明显地受饲料及瘤胃内pH的影响,当因饲喂高水平淀粉(或糖类)的日粮,pH降至5.5或更低时,纤毛虫的活力降低,数量减少或完全消失。此外纤毛虫数量也受饲喂次数的影响,次数多,则数量亦多。

反刍家畜在瘤胃内没有纤毛虫的情况下，个体也能良好生长，不过在营养水平较低的情况下，纤毛虫能提高饲料的消化率与利用效率，动物体储氮和挥发性脂肪酸产生都大幅度增加。纤毛虫蛋白质的生物价与细菌相同（约为80%），但消化率超过细菌蛋白（纤毛虫91%，细菌为74%），同时纤毛虫的蛋白质含丰富的赖氨酸等必需氨基酸，品质超过细菌蛋白。

（2）细菌　细菌是瘤胃中最主要的微生物，数量大、种类多，极为复杂，随饲料种类、采食后时间和动物状态而变化。瘤胃内的细菌，大多数是不形成芽孢的厌氧菌，偶有形成芽孢的厌氧菌；牛链球菌和某些乳酸杆菌等非严格厌氧的细菌有时也很多。这些细菌多半利用饲料中的多种碳水化合物作为能源；不能利用碳水化合物的细菌可利用乳酸样的中间代谢产物；也有极少的细菌只能利用一种能源。

此外，还有分解蛋白质和氨基酸或脂类的细菌，合成蛋白质和维生素的菌群，其中有些菌群既能分解纤维素又能利用尿素。

总之，瘤胃饲料中的碳水化合物，在多种不同细菌的重叠或相继作用下，通过相应酶系统的作用，产生挥发性脂肪酸、CO_2 和 CH_4 等，并合成蛋白质和B族维生素供畜体利用。

（3）真菌　瘤胃内存在厌氧性真菌，含有纤维素酶，能够分解纤维素。此外，真菌还可利用饲料中的碳、氮源合成胆碱和蛋白质，进入后段消化道被利用。

瘤胃微生物之间存在彼此制约、互相共生的关系。纤毛虫能吞噬和消化细菌作为自身的营养，或用菌体酶类来消化营养物质。瘤胃内存在多种菌类，能协同纤维素分解菌分解纤维素。纤维素分解菌所需的氮，在大多数情况下是靠其他微生物的代谢来提供的。更换饲料不宜太快，以便使微生物群逐渐适应改变的饲料，避免动物发生急性消化不良。

（二）瘤胃内的消化代谢过程

在瘤胃内微生物作用下，饲料在瘤胃内发生一系列复杂的消化过程，分述如下：

1. 糖类的发酵

饲料中的纤维素、果胶、半纤维素、淀粉、可溶性糖以及其他糖类物质，均能被瘤胃内微生物群降解发酵，产生VFA、CO_2、CH_4 等代谢终产物。发酵速度以可溶性糖最快，淀粉次之，纤维素和半纤维素最慢。它们的消化代谢过程见图5-2。

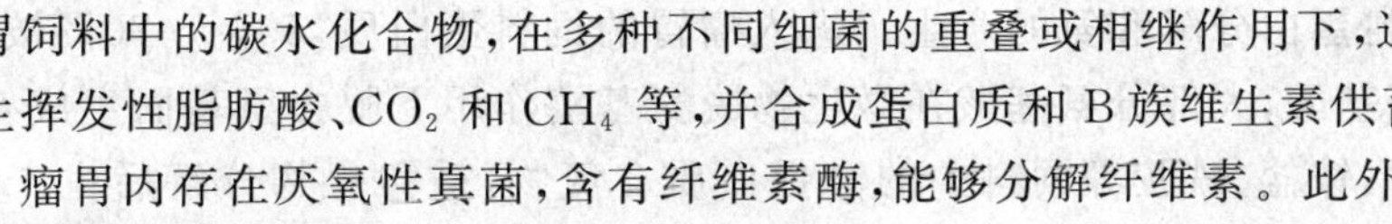

图5-2　瘤胃糖代谢示意图

瘤胃内糖类发酵终产物中以VFA最为重要，VFA是反刍动物主要的能量来源。牛瘤胃一昼夜产生的VFA 90～150 mmol/L，提供机体所需能量的60%～70%。VFA中主要是乙酸、丙酸和丁酸，其比例大体为70∶20∶10，但随饲料种类而发生显著的变化（表5-2）。

表5-2　不同饲料水平下乳牛瘤胃内挥发性脂肪酸的含量　　%

项目	乙酸	丙酸	丁酸
精料	59.60	16.60	23.80
多汁料	58.90	24.85	16.25
干草	66.55	28.00	5.45

VFA约有88%以盐类形式吸收。通常,乙酸和丁酸通过三羧酸循环而代谢,不增加糖原的贮藏,在泌乳期它们是反刍动物生成乳脂的主要原料;丙酸是反刍动物血液葡萄糖的主要来源,占血糖的50%～60%。乙酸也能提供动物的代谢能,丁酸在瘤胃上皮内代谢为β-羟基丁酸或乙酸盐。β-羟基丁酸是瘤胃上皮的一个主要能源。

瘤胃微生物在发酵糖类的同时,利用分解出的单糖和双糖合成自身的多糖,并贮存于体内,待微生物到达皱胃,即被盐酸杀死释放出多糖,随食糜进入小肠后,经相应酶的作用分解为单糖,而被动物吸收利用,成为反刍动物机体的葡萄糖来源之一。泌乳的牛,吸收入血的葡萄糖约有60%用来合成牛奶。

2. 蛋白质的消化

瘤胃微生物主要是利用饲料蛋白质和非蛋白质氮,构成微生物蛋白质,当其经过皱胃和小肠时,又被消化分解为氨基酸,供动物机体吸收利用。

(1)瘤胃内蛋白分解和氨的产生　进入瘤胃的饲料蛋白质,50%～70%被微生物蛋白酶分解为肽和氨基酸,大部分氨基酸在微生物脱氨基酶作用下脱去氨基而生成氨、二氧化碳和有机酸。尿素、铵盐、酰胺等饲料中的非蛋白质含氮物,被微生物分解后也产生氨。除部分氨被微生物利用外,一部分被瘤胃壁代谢和吸收,其余则进入瓣胃。

(2)瘤胃内微生物对氨的作用　瘤胃微生物能直接利用氨基酸合成蛋白质或先利用氨合成氨基酸后,再转变成微生物蛋白。瘤胃微生物利用氨合成氨基酸还需要碳链和能量。挥发性脂肪酸、二氧化碳和糖类都是碳链的来源。

(3)瘤胃的尿素再循环作用　瘤胃内的氨除了被微生物利用外,其余的被瘤胃壁迅速吸收入血,经血液送到肝脏,在肝脏内通过鸟氨酸循环变成尿素。尿素经血液循环一部分随唾液重新进入瘤胃,一部分通过瘤胃壁弥散到瘤胃内,剩下的就随尿排出。在低蛋白日粮情况下,反刍动物就依靠这种内源性的尿素再循环作用节约氮的消耗,维持瘤胃内适宜的氨浓度,以利于微生物蛋白的合成。

知识链接

尿素可以替代蛋白质

在畜牧业实践中,可用尿素来代替牛、羊日粮中约30%的蛋白质。但因在脲酶的作用下,尿素产氨的速度约为微生物利用氨速度的4倍,因此必须采取一定措施来延缓尿素产氨的速度。如抑制脲酶活性、制成胶凝淀粉尿素或尿素衍生物等,并在日粮中供给易消化糖类,使微生物合成蛋白质时能充分获得能量,以提高利用率和安全性。

3. 脂类的消化

饲料中的甘油三酯和磷脂能被瘤胃微生物水解,生成甘油和脂肪酸等物质,其中甘油多半转变成丙酸,而脂肪酸的最大变化是不饱和脂肪酸加水氢化,变成饱和脂肪酸。饲料中脂肪是体脂和乳脂的主要来源。

4. 维生素的合成

瘤胃微生物能合成硫胺素、核黄素、生物素、吡哆醇、泛酸和维生素B_{12}等B族维生素、维生素K和维生素C,供动物机体利用。当幼龄反刍动物瘤胃开始发酵以后,即使饲料中缺乏这类维生素，也不会影响健康。

(三)产生气体

在瘤胃的发酵过程中，不断地产生大量气体。主要是CO_2和CH_4，还含有少量的N_2和微量的H_2、O_2或H_2S，其中CO_2占50%～70%，CH_4占30%～40%。瘤胃发酵的产气量、速度以及气体组成，随饲料的种类、饲喂后的时间而有显著差异。健康动物瘤胃内CO_2量比CH_4多，但饥饿或气胀时，则CH_4量大大超过CO_2的量。

CO_2大部分是由糖类发酵和氨基酸脱羧所产生，少部分来自于唾液及透过瘤胃上皮的碳酸氢盐。瘤胃CH_4主要是在产CH_4的细菌作用下还原CO_2或由甲酸而生成的。

瘤胃的气体，一部分通过瘤胃壁吸收，小部分随同饲料残渣经胃肠道排出，大部分靠嗳气逸出口外。

(四)前胃的运动及其调节

前胃运动的三个部分有着密切联系，最先为网胃收缩。网胃接连收缩两次，第一次只收缩一半即行舒张，接着就进行第二次几乎完全的收缩。在网胃的第二次收缩之后，紧接着发生瘤胃的收缩。瘤胃的收缩有两种波形，第一种为A波，先由瘤胃前庭开始，沿背囊由前向后，然后转入腹囊，接着又沿腹囊由后向前，同时食物在瘤胃内也顺着收缩的次序和方向移动和混合。在收缩之后，有时瘤胃还有一次B波，即单独的附加收缩。B波由瘤胃本身产生。起始于后腹盲囊，行进到后背囊及前背囊，最后到达主腹囊。它与嗳气有关，而与网胃收缩没有直接联系(图5-3)。

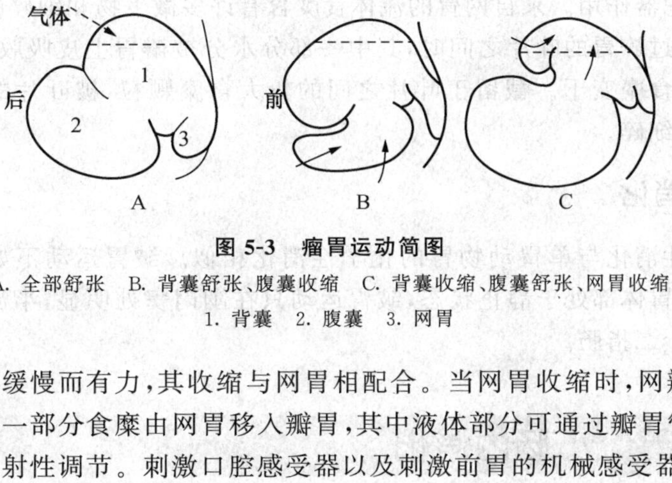

图5-3 瘤胃运动简图

A. 全部舒张 B. 背囊舒张、腹囊收缩 C. 背囊收缩、腹囊舒张、网胃收缩

1. 背囊 2. 腹囊 3. 网胃

瓣胃运动比较缓慢而有力，其收缩与网胃相配合。当网胃收缩时，网瓣孔开放，瓣胃舒张，压力降低，于是一部分食糜由网胃移入瓣胃，其中液体部分可通过瓣胃管直接进入皱胃。

前胃运动受反射性调节。刺激口腔感受器以及刺激前胃的机械感受器和压力感受器都能引起前胃运动加强；刺激网胃感受器，除引起收缩加速，还出现反刍和逆呕。前胃各部运动还受其后段负反馈性抑制调节。

(五)反刍

反刍动物在摄食时，饲料不经充分咀嚼即吞入瘤胃，在瘤胃内浸泡和软化。当其休息时，较粗糙的饲料刺激网胃、瘤胃前庭和食管沟黏膜的感受器，能将这些未经充分咀嚼的饲料，逆呕到口腔，经仔细咀嚼后再吞咽入胃，这一系列过程叫作反刍。

当反刍时，网胃在第一次收缩之前还有一次附加收缩使胃内食物逆呕到口腔。反刍的生理意义，在于把饲料嚼细，并混入适量的唾液，以便更好地消化。反刍周期包括逆呕、再咀嚼、再混合唾液和再吞咽四个过程。动物一般饲喂后0.5～1 h出现反刍，每次反刍持续

40～50 min,之间有一暂短的间隙,一昼夜可进行 6～8 次反刍。

(六)嗳气

嗳气是反刍动物特有的生理现象,指瘤胃微生物发酵产生的气体经由食道和口腔向外排出的过程。嗳气是一种反射动作。当瘤胃气体增多、胃壁张力增加时,就兴奋瘤胃背盲囊和贲门括约肌处的牵张感受器,经过迷走神经传到延髓嗳气中枢。中枢兴奋就引起背盲囊收缩,开始瘤胃第二次收缩,由后向前推进,压迫气体移向瘤胃前庭,同时前肉柱与瘤胃、网胃肉褶收缩,阻挡液状食糜前涌,贲门区的液面下降,贲门口舒张,于是气体即被驱入食管。

(七)食管沟作用

食管沟是由两片肥厚的肉唇构成的一个半关闭的沟。它起自贲门,经网胃伸展到网瓣孔。牛犊和羊羔在吸吮乳汁时,能反射性地引起食管沟肉唇蜷缩,闭合成管,使乳汁直接从食管沟到达网瓣孔,经瓣胃管进入皱胃,不落入前胃内。

食管沟闭合程度与饮乳方式及动物年龄有密切关系。若用桶喂乳时,食管沟闭合不完全。一部分乳汁会流入发育不完善的网胃、瘤胃内,引起发酵而产生乳酸,造成腹泻。食管沟闭合反射随着动物年龄的增长而减弱。某些化合物尤其是 NaCl 和 $NaHCO_3$ 溶液可使 2 岁牛的食管沟闭合,$CuSO_4$ 溶液能引起绵羊的食管沟闭合反射。在临诊实践中利用这一特点,可将药物直接输送到皱胃用于治疗。

二、瓣胃的消化

瓣胃主要起滤器作用。来自网胃的流体食糜含有许多微生物和细碎的饲料以及微生物发酵的产物,当通过瓣胃的叶片之间时,其中一部分水分被瓣胃上皮吸收,一部分被叶片挤压出来流入皱胃,食糜变干。截留于叶片之间的较大食糜颗粒,被叶片的粗糙表面糅合研磨,使之变得更为细碎。

三、皱胃的消化

皱胃的化学性消化与单胃动物胃的化学性消化相似。皱胃运动不如前胃那样富有节律。一般情况下,胃体部处于静止状态,皱胃运动只在幽门窦处明显,半流体的皱胃内物随幽门运动而排入十二指肠。

知识点五　小肠内消化

小肠内消化主要通过小肠的运动,使胰液、胆汁、小肠液与食糜充分混合,发挥胰液、胆汁和小肠液的化学性消化作用。

一、胰液的消化作用

胰液是无色、无臭的碱性液体,pH 为 7.8～8.4。胰液中含无机物与有机物。无机成分中,除有 Cl^-、Na^+、K^+、Ca^{2+} 等外还有含量最高的碳酸氢盐,其主要作用是中和进入十二指肠的胃酸,使肠黏膜免受强酸的侵蚀;同时也为小肠内多种消化酶活动提供了最适合的 pH 环境(pH 7～8)。

胰液中有机物主要是蛋白质，由多种消化酶组成：

(1)胰淀粉酶　不需激活就有活性，可分解淀粉为麦芽糖。

(2)胰脂肪酶　分解脂肪为甘油和脂肪酸。

(3)胰蛋白酶和糜蛋白酶　都以酶原形式存在于胰液中。经激活后，分解蛋白质为胨和胨，两种酶共同作用时可分解蛋白质为小分子的多肽和氨基酸。

(4)核糖核酸酶和脱氧核糖核酸酶　使相应的核酸部分地水解为单核苷酸。羧基肽酶作用于多肽末端的肽键，释放具有自由羧基的氨基酸。

二、胆汁的消化作用

(一)胆汁的性质和成分

胆汁是黏稠具有苦味的黄绿色液体，肝胆汁是弱碱性，胆囊胆汁呈弱酸性。胆汁中没有消化酶，除水外，还有胆色素、胆盐、胆固醇、脂肪酸、卵磷脂以及其他无机盐等。

(二)胆汁的作用

①胆盐、胆固醇和卵磷脂可乳化脂肪，增加胰脂肪酶的作用面积；

②胆盐可与脂肪酸结合成水溶性复合物，促进脂肪酸的吸收；

③胆汁促进脂溶性维生素 A、维生素 D、维生素 E、维生素 K 的吸收；

④胆汁可以中和十二指肠中部分胃酸；

⑤胆盐排到小肠后，绝大部分由小肠黏膜吸收入血，再入肝脏重新形成胆汁，即为胆盐的肠—肝循环。

三、小肠液的消化作用

小肠液呈弱碱性，pH 约为 7.6。小肠液中含有多种酶，肠激酶可激活胰蛋白酶原。蔗糖酶、麦芽糖酶和乳糖酶分解双糖，此外，还有淀粉酶、肽酶及脂肪酶。只是有些酶并不是由肠腺分泌入肠腔，而是存在于肠上皮细胞内的酶，随脱落的上皮细胞进入肠液。禽类小肠黏膜分布有肠腺，但没有哺乳动物的十二指肠腺。肠腺分泌的肠液呈淡黄色、弱酸性到弱碱性的液体，含有黏液和蛋白酶、淀粉酶、脂肪酶等。

四、小肠的运动

(一)小肠的运动形式

小肠肌经常处于紧张状态，是其他运动形式的基础。

(1)蠕动　小肠蠕动速度很慢，而蠕动冲是进行速度很快、传播较远的蠕动，由进食时吞咽动作或食糜进入十二指肠所引起，可将食糜从小肠始端一直推送到末端。在十二指肠和回肠末段还出现逆蠕动，有利于食糜的消化和吸收(图 5-4)。

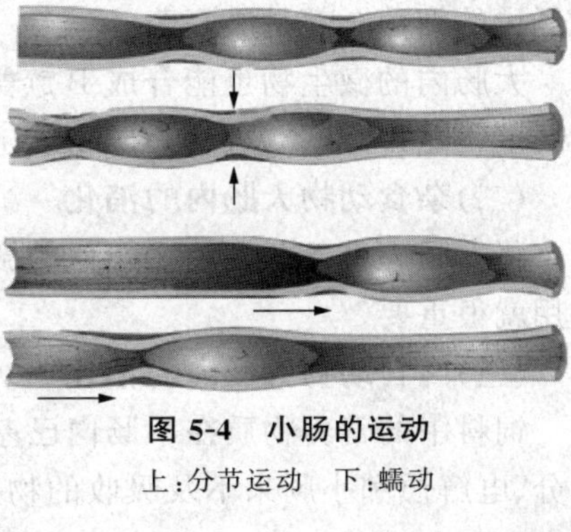

图 5-4　小肠的运动

上：分节运动　下：蠕动

(2)分节运动　是以环行肌为主的节律性收缩与舒张运动。小肠各段分节运动的强度及频率以十二指肠最高，其次空肠，回肠最低。分节运动的作用主要是使食糜和消化液充分混合，便于化学性消化；为吸收创造良好的条件；能挤压肠壁，有助于血液和淋巴的回流。

(3)钟摆运动　以纵行肌节律性舒缩为主。当食糜进入一段小肠后，这一段肠的纵行肌一侧发生节律性的舒张和收缩，对侧发生相应的收缩和舒张，使肠段左、右摆动，肠内容物随之充分混合，以利于消化和吸收。

(二)小肠运动的调节

(1)内在神经丛的作用　食糜对肠壁的机械和化学刺激通过局部反射产生蠕动。

(2)外来神经的作用　副交感神经兴奋增强肠运动，交感神经兴奋则抑制肠运动。

(3)体液因素的作用　5-羟色胺、P物质、胃泌素和胆囊收缩素可加强肠运动；胰高血糖素和肾上腺素则使肠运动减弱。

(三)回盲括约肌的机能

回盲括约肌平时保持轻度的收缩状态。当食物入胃时即起胃—肠反射，蠕动波到达回肠末端时，括约肌舒张，食糜被驱入结肠。胃泌素也能引起括约肌压力下降。而盲肠黏膜受刺激可通过局部反射，引起括约肌收缩，从而阻止回肠内容物进入结肠。回盲括约肌的主要机能是防止回肠内容物过快地进入结肠，有利于食糜在小肠内充分消化和吸收。

知识点六　大肠内消化

大肠是消化道的最后一段，是微生物消化的主要场所之一。

一、大肠液及微生物的作用

大肠黏膜上的腺体分泌富含黏液和碱性分泌物(主要为碳酸氢盐)的大肠液，含消化酶很少。黏液的作用在于保护肠黏膜和润滑粪便；碱性分泌物能中和酸性内容物，以利于微生物的繁殖和活动。

各种动物大肠内的消化过程不完全一样，分述如下：

(一)草食动物大肠内的消化

草食动物大肠内消化特别重要，尤其是马属动物和兔等单胃动物，饲料中的纤维素等多糖物质的消化和吸收，全靠大肠内微生物的作用。大肠的容积庞大，与反刍动物的瘤胃相似，具备微生物繁殖和发酵的条件。随同食糜进入大肠的少数未杀死的微生物可以在大肠内大量繁殖，消化纤维素的微生物与瘤胃微生物的区别主要是菌株类型之间的比例不同。大肠内的细菌全部是厌氧菌。

大肠内的微生物也能合成B族类维生素和维生素K，并被大肠黏膜吸收，供机体利用。大肠壁还能排泄钙、铁、镁等矿物质。

(二)杂食动物大肠内的消化

猪大肠内具备草食动物相似的微生物繁殖条件，猪在饲喂植物性饲料条件下，微生物的作用就很重要。

(三)肉食动物大肠内的消化

饲料中的营养物质在小肠内已基本被消化吸收，所以肉食动物大肠的主要功能是吸收水分、电解质和小肠来不及吸收的物质，其余残渣形成粪便。

肉食动物大肠内的环境也很适合大肠杆菌、葡萄球菌等多种类细菌的繁殖。这些细菌总称为“肠道常居菌群”或“共生菌”。正常情况下，它们以腐败作用为主，也具有发酵分解作用。

二、大肠的运动

大肠运动与小肠运动大体相似，但速度较慢，强度较弱。盲肠和大结肠间有明显的蠕动，还有逆蠕动。二者相互配合，推动食糜在一定肠管内来回移动，使食糜得以充分混合，并使之在大肠内停留较长时间。这样能使细菌充分消化纤维素，并保证挥发性脂肪酸和水分的吸收。此外，还有一种进行得很快的蠕动，叫集团蠕动。它能把粪便推向直肠引起便意。

如果大肠运动机能减弱，则粪便停留时间延长，水分吸收过多，粪便干燥以至便秘；若大肠或小肠运动增强，水分吸收过少，则粪便稀软，甚至发生腹泻。

随着大肠运动和食糜移动，发生类似雷鸣或远炮的声音，称大肠音。

大肠壁和小肠一样，存在着两种神经丛。副交感神经兴奋，运动加强；交感神经兴奋，运动减弱。

三、粪便的形成和排粪

食糜经消化吸收后，残渣进入大肠后段，水分被大量吸收，逐渐浓缩而形成粪便，大肠后段的运动，被强烈搅和，并压成团块。

排粪是一种复杂的反射动作。粪便停留在直肠内，量小时，肛门括约肌处于收缩状态。当积聚到一定量时，刺激肠壁压力感受器产生冲动，通过盆神经传至荐部脊髓，再传至大脑皮层。冲动经整合后，通过盆神经传至大肠后段，引起直肠收缩，肛门括约肌舒张，在腹肌收缩配合下，增加腹压进行排粪。荐部脊髓如果受损，则肛门括约肌紧张性收缩丧失，引起排粪失禁。

知识点七　吸收

饲料经消化后，其分解产物经消化道的上皮细胞进入血液或淋巴液的过程称为吸收。消化道吸收的营养物质被运输到机体各部位，供机体代谢利用。

一、吸收部位及机制

在消化道的不同部位，吸收的效率是不同的，这种差别主要取决于消化道各部位的组织结构，以及食物在该处的状态和停留时间。小肠是吸收的主要部位。它的黏膜具有环状皱褶，并拥有大量的绒毛，绒毛表面有微绒毛，使吸收面积增大。食物在小肠内停留时间较长，且已被消化到适于吸收的状态，而易被肠壁吸收（图 5-5）。

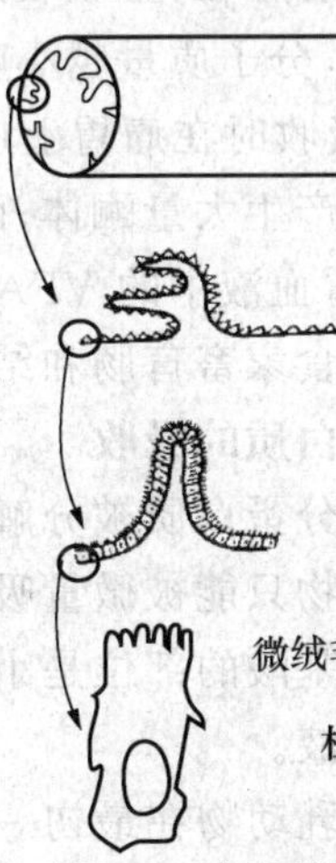

图 5-5　小肠的微细结构

营养物质的吸收机制，大致可分为被动转运和主动转运两类。被动转运包括滤过、扩散、渗透和易化扩散作用；主动转运则由于细胞膜上存在着一种具有“泵”样作用的转运，可以逆电化学梯度转运 Na^+、Cl^-、K^+、I^- 等电解质及单糖和氨基酸等非电解质。

二、各种主要营养物质的吸收

(一)盐类和水分的吸收

(1)钠的吸收　由钠泵主动转运吸收。

(2)铁的吸收　主要在小肠上段。食物中的铁绝大部分是 Fe^{3+}，必须还原为亚铁后方被吸收。肠黏膜吸收铁的能力决定于黏膜细胞内的含铁量，存积于细胞内的铁量高，会抑制铁的再吸收。

被吸收的亚铁在肠黏膜细胞内氧化为 Fe^{3+}，并和细胞内的去铁蛋白结合形成铁蛋白暂时贮存起来，慢慢向血液中释放。一小部分被吸收，但尚未与去铁蛋白结合的亚铁，则以主动吸收方式转移至血浆中。铁的转运过程需消耗能量，为主动转运。

(3)钙的吸收　钙盐只有在水溶液状态，且不被肠腔内任何物质沉淀的情况下，才能被吸收。钙的吸收也是主动转运，需要充分的维生素 D。肠内容物偏酸以及脂肪食物都会影响钙的吸收。

(4)负离子的吸收　小肠内吸收的负离子主要为 Cl^- 和 HCO_3^-。由钠泵所产生的电位可使负离子向细胞内转移，负离子也可按浓度差独立进行被动转运。

(5)水分的吸收　主要在小肠。小肠主要借助渗透、滤过作用吸收水分。

(二)糖的吸收

饲料中的糖类在肠腔和黏膜细胞的外表面，经消化酶降解成单糖和双糖。大部分单糖被吸收后，经门静脉送到肝脏，一些单糖也能经淋巴液转运。绝大多数动物的肠黏膜上皮的刷状缘含有各种双糖酶，保证在吸收时所有双糖都分解为单糖。

单糖的吸收是耗能的主动转运过程。

(三)挥发性脂肪酸的吸收

反刍动物瘤胃产生的 VFA 大部分是在瘤胃中被吸收的。瘤胃 VFA 以未解离的分子状态和离子状态存在，且吸收速度与存在状态和分子质量有关。分子状态的 VFA 吸收速度较离子状态快，分子质量越小吸收越慢，即丁酸＞丙酸＞乙酸。

VFA 吸收时在瘤胃上皮还发生强烈代谢作用。据测定，被吸收的丁酸有 85%、乙酸有 45%被代谢产生大量酮体；丙酸有 65%在瘤胃上皮内转变成乳酸和葡萄糖。由于瘤胃的作用，来自瘤胃血液中的 VFA 浓度与吸收速度相反，即乙酸＞丙酸＞丁酸。

单胃草食家畜盲肠和结肠吸收挥发性脂肪酸，与反刍动物的瘤胃相似。

(四)蛋白质的吸收

绝大部分蛋白质被分解为小肽和氨基酸后吸收，未经消化的天然蛋白质及蛋白质的不完全分解产物只能被微量吸收进入血液。

吸收氨基酸的部位是小肠，氨基酸的吸收是主动转运，需要提供能量。氨基酸吸收几乎完全进入血液。

新生哺乳动物在最初一段时间内，可从初乳中以胞饮方式完整吸收免疫球蛋白，从而获得被动免疫。

(五)脂肪的吸收

摄入的脂肪大约有95%被吸收。脂肪消化后生成甘油、游离脂肪酸和甘油一酯，在胆盐的作用下形成水溶性复合物，再经聚合形成脂肪微粒。在吸收时，脂肪微粒中各主要成分被分离开来，分别进入小肠上皮。甘油一酯和脂肪酸靠扩散作用在十二指肠和空肠被吸收；胆盐靠主动转运在回肠末段被吸收。脂肪吸收后，各种水解产物重新合成中性脂肪，外包一层卵磷脂和蛋白质的膜成为乳糜微粒，通过淋巴和血液两条途径(主要是淋巴途径)进入肝脏。

(六)胆固醇和磷脂的吸收

胆固醇在胆盐、胰液和脂肪酸的帮助下，通过简单扩散进入肠上皮细胞再转入淋巴管而被吸收。磷脂只有小部分不经水解可直接进入肠上皮，大部分需完全水解为脂肪酸、甘油、磷酸盐等才能进入肠上皮再转入淋巴管而被吸收。

(七)维生素的吸收

水溶性维生素吸收各有特点，一般认为吡哆素以简单的单纯扩散方式吸收；维生素C、硫胺素、核黄素、尼克酸、生物素等的吸收是依赖于特异性载体的主动转运过程；维生素B_{12}必须与内因子结合才能在回肠被吸收。脂溶性维生素(包括维生素A、维生素D、维生素E、维生素K)的吸收与类脂物质相似。

知识点八　禽类消化吸收特点

禽类的消化器官包括口、咽、食管、嗉囊、腺胃、肌胃、小肠、大肠、泄殖腔以及胰腺和肝脏。家禽没有牙齿但有喙，没有结肠而有一对盲肠。

一、口腔内消化

禽类主要靠视觉和触觉寻找食物，用角质喙采食。

禽类采食后不经咀嚼，借舌帮助很快咽下。口腔壁和咽壁分布有丰富的唾液腺，它的导管直接开口于黏膜，主要分泌黏液，有润滑食物的作用。

唾液呈弱酸性反应，平均pH 6.75，含有少量淀粉酶。

禽类吞咽食物主要靠头部上举，在食物的重力和反射活动作用下食管扩大，经食管的蠕动推动食物下移并进入嗉囊或食管的扩大部。

二、嗉囊内消化

嗉囊是食管扩大而形成的，主要功能是储存食物。鸡的嗉囊较发达，鸭、鹅没有真正的嗉囊，仅在食管颈段形成一纺锤形扩大部以储存食物。嗉囊壁的构造与食管相似，黏膜内有丰富的黏液腺分泌黏液，使饲料润湿和软化。嗉囊内的温度、含水量以及经常保持中性至弱酸性反应(pH 6.0～7.0)，不仅为唾液淀粉酶也为植物性饲料本身所含酶的作用提供了适宜的环境。

鸽的嗉囊腺能分泌一种乳状液叫作“嗉囊乳”或“鸽乳”，含有大量的蛋白质、脂肪、无机盐、淀粉酶及蔗糖酶等，用以哺育幼鸽。

嗉囊的肌层由外纵肌层和内环肌层组成。嗉囊的运动主要有两种形式：一种为蠕动，始于食管扩展至嗉囊，再达腺胃和肌胃，常成群出现，一般 2～15 次为一群，每群间隔 1～40 min；另一种为排空运动，与食管的收缩相配合，扩展至整个嗉囊。这种运动 1～1.5 min/次，每次均伴有嗉囊紧张度的增高。嗉囊运动使食物混合并间断地向胃内排入。

嗉囊运动受迷走神经和交感神经支配，迷走神经使嗉囊强烈收缩，食物排放加快。

嗉囊内的环境条件适宜于微生物的栖居和活动。成年鸡嗉囊的微生物区系中乳酸菌占优势，能对饲料中的糖类进行初步发酵分解，产生有机酸。这些有机酸一部分可经嗉囊壁吸收，大部分随食物下行至消化道后段再被吸收。

三、胃内消化

(1)腺胃消化　禽类腺胃的机能相当于哺乳动物的胃底部，分泌含盐酸和胃蛋白酶的胃液。但禽类胃腺没有壁细胞，盐酸和胃蛋白酶都由主细胞所分泌。

禽类的胃液呈连续性分泌，分泌量鸡为 5～30 mL，饲喂可引起分泌水平增高，饥饿则使其降低。按每千克体重计，胃液分泌量和盐酸的浓度高于人、犬、大鼠、猴等，胃蛋白酶的产量也较哺乳动物高。

胃液分泌受神经反射和体液因素的调节，假饲引起胃液分泌增加。饲料对嗉囊和胃壁的机械刺激作用引起较多的胃液分泌。迷走神经使胃液分泌量和胃蛋白酶含量增加，而交感神经则引起少量的分泌。禽类的胃液分泌也存在促胃液素的体液机制。但促胰液素有显著的抑制作用。

腺胃虽然分泌胃液，但因为体积小，食物停留时间短，所以胃液的消化作用并不在腺胃，而主要在肌胃内进行。

(2)肌胃消化　肌胃的主要机能是靠胃壁肌肉强有力的收缩磨碎来自嗉囊的粗硬食物。肌胃的内容物相当干燥，含水量平均占 44.44%，酸度为 pH 2～3.5，适于胃蛋白酶的消化作用。

肌胃具有周期性运动，平均每隔 20～30 s 收缩一次，饲喂时及饲喂后半小时内收缩频率增加。肌胃收缩时内压很高，鸡为 13～20 kPa，鸭为 24 kPa，鹅为 35～37 kPa。禽类采食时所吞食的沙砾，在肌胃内有助于磨碎较坚硬的食物。

肌胃的收缩受迷走神经和交感神经支配，迷走神经使肌胃收缩增加。扩张十二指肠通过交感神经反射性抑制肌胃收缩。

四、小肠内消化

禽类的小肠前接肌胃后连盲肠。小肠消化与哺乳动物基本相似。

(1)胰液的分泌　禽类胰腺分泌的胰液经胰导管输入十二指肠。纯净胰液的性状、组成以及消化酶种类与哺乳动物相似。

鸡的胰液呈连续性低水平分泌。饲喂后急剧升高，持续 9～10 h，然后逐渐下降至原先水平。

促胰液素促进含水丰富的胰液分泌，而血管活性肠肽(VIP)的作用更强。促胰酶素使含水和酶的胰液持续分泌。迷走神经参与胰液分泌调节尚缺乏直接证明。

(2)胆汁的分泌和作用　禽类的肝脏连续不断地分泌胆汁。不进食期间，肝胆汁一部分流入胆囊而浓缩，另有少量直接经肝胆管流入小肠。进食时胆囊胆汁和肝胆汁输入小肠的量显著增加，持续 3～4 h。迷走神经参与家禽胆汁输出的神经反射性调节。

禽类的胆汁呈酸性(鸡 pH 5.88、鸭 pH 6.14)，含有淀粉酶。禽类胆汁中所含胆汁酸主要是鹅胆酸、胆酸和别胆酸，而缺乏哺乳动物胆汁中普遍存在的脱氧胆酸。胆色素主要是胆绿素，胆红素很少(约 6%)。胆色素随粪排泄，而胆盐大部分被重吸收，由肠—肝循环促进胆汁分泌。

(3)肠液的分泌作用　禽类的小肠黏膜分布有肠腺，但没有哺乳动物的十二指肠腺。肠腺分泌弱酸性至弱碱性的肠液，其中含有蛋白酶、脂肪酶、淀粉酶、多种糖酶和肠激酶。机械刺激和促胰液素能引起肠液分泌显著增加。刺激迷走神经可促使肠液变稠，但对分泌率影响很小。

(4)小肠运动　禽类的小肠有典型的蠕动和分节运动。逆蠕动比较明显，食糜常在肠内前后移动，往往将食糜由肠返回肌胃。由于受胃液流入的影响，十二指肠内容物常呈弱酸性反应并继续胃液的消化作用。

食糜由十二指肠移送入空肠和回肠后，由于混入胰液、胆汁及肠液，对各种营养物质进行比较全面而强烈的消化作用。

五、大肠内消化

禽类的大肠有两条盲肠和一条短的直肠。饲料经小肠消化后，部分可入盲肠，其他则进入直肠继续消化。

(1)盲肠内消化　直肠的逆蠕动使食糜进入盲肠，再借盲肠本身的蠕动，食糜从盲肠颈部向顶部推送。直肠逆蠕动时，回盲括约肌紧闭，所以直肠内容物不会逆回小肠。

盲肠消化主要是将饲料中的粗纤维进行微生物的发酵分解。鸡对饲料中粗纤维的消化率为 0～43.5%(取决于粗纤维的来源及日粮中粗纤维的含量)，几乎全部是在盲肠内被消化的。对于以吃草为主的禽类如鹅，盲肠消化尤为重要。

盲肠内容物含丰富的营养成分，pH 6.5～7.5，严格的厌氧条件，食糜充满盲肠后一般要经 6～8 h 才排出，这些都适宜于微生物的生长繁殖；盲肠内的细菌数超过 10^9/g 内容物，其中主要是严格厌氧的革兰氏阴性杆菌。

粗纤维经细菌发酵的终产物是较简单的挥发性脂肪酸，总含量占内容物的 0.2%～1.0%。其中乙酸的比例最高(约 61%)，丙酸次之(27%)，丁酸最少(1%)，还有少量较高级的脂肪酸。这些有机酸可在盲肠内被吸收，进入肝脏内代谢。除挥发性脂肪酸外，还产生 CO_2 和 CH_4 等气体。

在盲肠内细菌还能分解饲料中的蛋白质和氨基酸。产生氨并能利用日粮中的非蛋白质含氮物合成菌体蛋白质，还能合成 B 族维生素和维生素 K 等。

(2)直肠消化　禽类的直肠很短，食糜在其中停留时间也不长，因此消化作用不重要。主要是吸收一部分水和盐类，形成粪便后排入泄殖腔，与尿混合后排出体外。

六、营养物质的吸收

家禽对营养分吸收与哺乳动物并无多大区别，主要通过小肠绒毛进行。禽类的小肠黏膜形成“乙”字形横皱襞，因而扩大了食糜与肠壁的接触面，延长食糜通过的路径，使吸收充分。

糖类主要以单糖、蛋白质主要以氨基酸在小肠内吸收进入血液。

脂肪一般需分解为脂肪酸、甘油或甘油一酯、甘油二酯被吸收。不过由于禽类肠道的淋巴系统不发达，绒毛中没有中央乳糜管，因此脂肪的吸收不通过淋巴途径，而是直接进入血液。

复习思考

1. 消化有哪几种方式？
2. 瘤胃内的环境是如何稳定的？
3. 为什么说草食动物的微生物消化具有重要意义？
4. 为什么说小肠是消化和吸收的重要场所？
5. 结合实践说明反刍动物对含氮饲料的利用过程。

Project 6

认知泌尿生理

学习目标

理解影响尿液形成的因素及尿液排放的神经调节；

掌握影响肾小球滤过的因素；

掌握肾小管和集合管对物质的重吸收及分泌作用；

能通过观察尿的分泌来分析各种影响尿生成的因素。

动物机体将代谢终产物和其他不需要的物质经过血液循环被运输到某一器官而排出体外的过程称为排泄。机体具有排泄功能的器官主要有肺、皮肤、消化道、肾脏，其中肾脏是机体最主要的排泄器官。机体通过肾脏不仅能排出机体产生的大部分代谢终产物以及进入体内的异物外，而且有帮助机体调节水分平衡、酸碱平衡、渗透压、电解质水平以及血液中很多其他物质水平的能力。肾脏的这些重要机能是通过肾小球的滤过作用、肾小管与集合管的重吸收及分泌排泄作用和输尿管、膀胱与尿道的排放活动而实现的，其中，肾小球的滤过和肾小管和集合管的重吸收作用被称为尿的生成，膀胱内尿液通过尿道排出体外的过程称为尿的排出。

知识点一　肾小球的滤过作用

肾脏的结构和功能的基本单位称为肾单位，肾单位包括肾小体和肾小管（图 6-1）。肾小体是微小的球体，包括肾小球和肾小囊，其主要功能是滤出并形成原尿（图 6-2）。肾小管是一弯曲的小管，分为近球小管、髓袢细段和远球小管三部分，其主要功能是重吸收原尿中的水分、营养物质以及分泌代谢产物的作用。在哺乳动物的肾脏内一般有两类肾单位：皮质肾单位和髓旁肾单位。皮质肾单位主要分布于皮质浅表部位，它的肾小球较小，髓袢短，一般只伸入髓质外带；髓旁肾单位分布于皮质深处靠近髓质部位，它的肾小球较大，髓袢较长，呈“U”形，可深入到髓质内带。两类肾单位数目的比例在不同动物中有很大差异。皮质肾单位对水的代谢率高，对水代谢率高的动物其所占的比例较大（如猪、象、驯鹿等动物）；而髓旁肾单位对水的代谢率低，对水代谢率低的动物其所占的比例较大（如羊、骆驼、马等）。

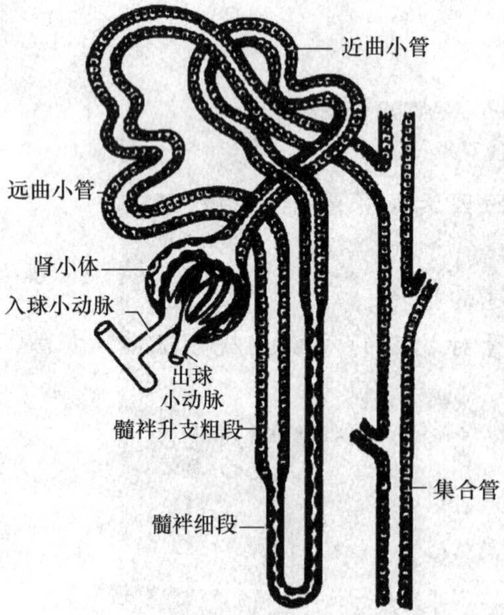

图 6-1　肾单位示意图

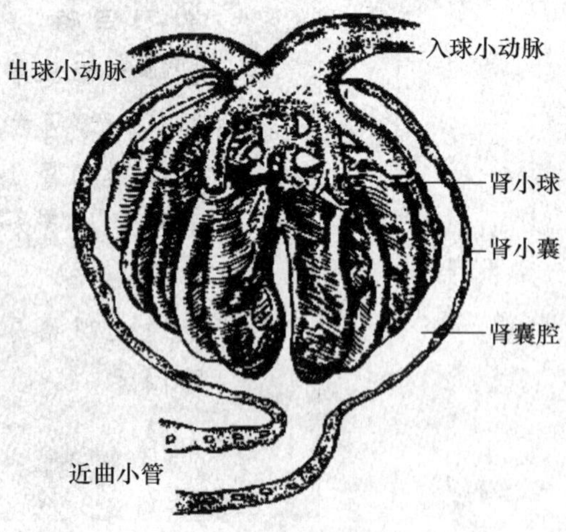

图 6-2　肾小体模式图

循环血液流经肾小球毛细血管时，除了血细胞和大分子蛋白质外，血浆中的水和小分子溶质，包括少量分子质量较小的血浆蛋白，都可通过滤过膜滤入肾小囊而形成原尿。因此，原尿中其他成分，如葡萄糖、氯化物、无机磷酸盐、尿素、尿酸和肌酐等各种晶体物质的浓度都与血浆非常接近，而且渗透压及酸碱度也与血浆相似，由此可见囊内液是血浆的超滤液。每分钟两侧肾脏生成原尿的量，叫作肾小球的滤过率(GFR)；每分钟两侧肾脏的血浆流量，称为肾血浆流量(RPF)；肾小球滤过率和肾血浆流量的百分比，叫作滤过分数。据测定，一头体重 50 kg 的猪，其肾小球滤过率约为 100 mL，肾小球有效血液流量为 7 000 mL，其中肾血浆流量约为 420 mL。它的滤过分数是 100/420×100%＝24%。由此计算，每昼夜生成的原尿量可达 144 L，几乎等于它体重的 3 倍，或者等于它全身血浆总量的 60 倍。可见，在尿生成的过程中，通过肾小球的滤过作用，生成原尿的量是相当大的。肾小球的滤过作用取决于两个因素：一是肾小球滤过膜的通透性；二是肾小球的有效滤过压，其中，前者是原尿产生的前提条件，后者是原尿滤过的必要动力。

一、滤过膜及其通透性

肾小球的滤过膜有三层结构(图 6-3)：最内层是肾小球毛细血管的内皮细胞，厚约 40 nm，上面有许多窗孔，其孔径大小为 50～100 nm，可阻止血细胞通过，但血浆蛋白可滤过；中间层是非细胞结构的基膜层，厚 325 nm，是一种微纤维网，网孔的大小为 4～8 nm，是滤过膜的主要滤过屏障，只有水和部分溶质可以通过；最外层是肾小囊的上皮细胞层，厚 40 nm，其细胞表面有足状突起并交错形成裂隙称为足细胞。交错的足细胞间隙上有一层滤过裂隙膜，膜上有直径 4～14 nm 的孔，是大分子物质滤过的最后一道屏障。一般认为，基膜的孔隙较小，因此对大分子物质的滤过起到机械屏障作用。另外，在三层膜上都覆盖着带负电荷的糖蛋白，能阻止带负电荷的物质通过，起到电化学屏障作用。在病理情况下，滤过膜上带负电荷的糖蛋白减少或消失，就会导致带负电荷的血浆蛋白滤过量比正常时明显增加，从而出现蛋白尿。

不同物质通过滤过膜的能力称为肾小球滤过膜的通透性，取决于被滤过物质的分子大小及其所带的电荷(图 6-4)。一般有效半径小于 1.8 nm 的中性物质(如葡萄糖，相对分子质量 180，有效半径为 0.36 nm)可以自由通过；有效半径大于 4.2 nm 的大分子物质则不易通过；有效半径在 2.2～4.2 nm 的各种物质分子随有效半径的增加滤过率逐渐降低。但有效半径约 3.6 nm 的血浆蛋白(相对分子质量 69 000)因其带负电荷，因此也很难通过滤过膜。

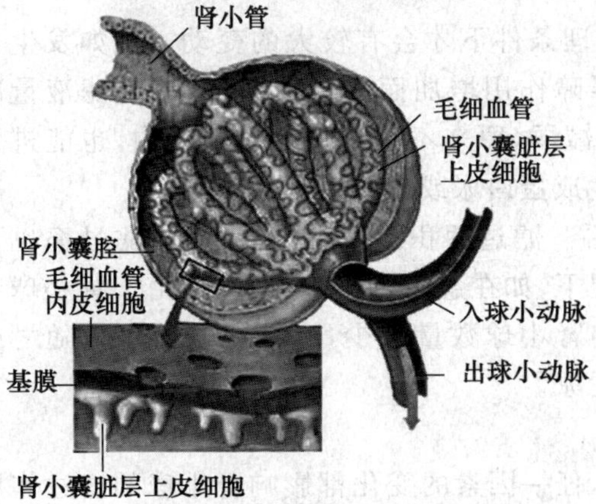

图 6-3　肾小球滤过膜示意图

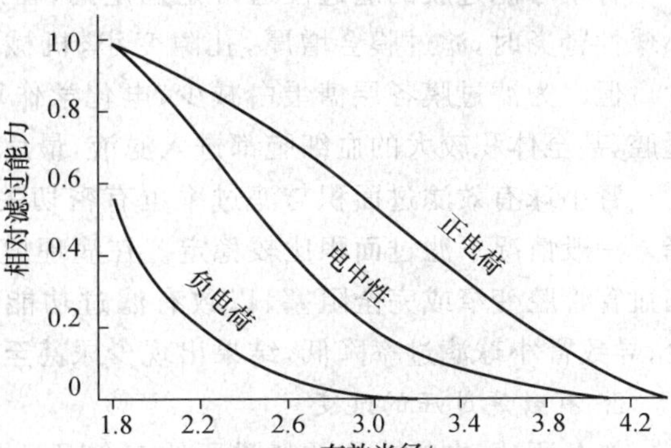

图 6-4　不同分子滤过能力比较

二、有效滤过压

肾小球滤过作用的动力是有效滤过压，由三部分压力组成：肾小球毛细血管压、血浆胶体渗透压和囊内压。肾小球毛细血管压是推动血浆从肾小球滤过的力量，后两者的作用相反，是对抗滤过的力量（图 6-5）。可用以下公式表示：

有效滤过压＝肾小球毛细血管压－（血浆胶体渗透压＋肾小囊内压）

肾小球毛细血管血压较高。其主要原因是入球小动脉粗而短，出球小动脉细而长，相应地提高了血压，所以肾小球毛细血管血压较其他器官内的高，这是保证有效滤过的主要动力。

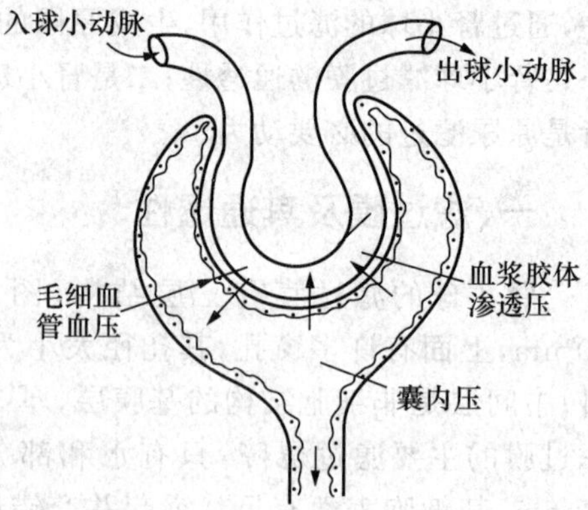

图 6-5　肾小球有效滤过压示意图

直接测定肾小体内各段压力的结果表明：入球小动脉和出球小动脉的血压几乎相等，平均为 6.0 kPa；肾小囊内压平均为 1.3 kPa；至于血浆胶体渗透压，由于从入球小动脉端开始，不断发生滤过作用，因而不同部位的胶体渗透压不同；入球小动脉端的胶体渗透压为 2.7 kPa，出球小动脉端则增至 4.7 kPa。由以上公式可计算得：

入球小动脉端有效滤过压＝6.0－(1.3＋2.7)＝2.0(kPa)

出球小动脉端有效滤过压＝6.0－(1.3＋4.7)＝0(kPa)

上述的结果说明，并不是毛细血管全部都发生滤过作用，只有有效滤过压为正值的血管段才发生滤过作用。生理条件下，肾小球毛细血管内的血浆胶体渗透压随着滤过液不断生成而升高，因此有效滤过压也逐渐下降。当有效滤过压下降至零时，即达到了滤过平衡时，滤过作用停止。

三、影响肾小球滤过的因素

1. 滤过膜通透性和有效滤过面积的改变

肾小球滤过膜的通透性通常是稳定的，在病理条件下才会有较大的变动。例如发生肾小球性肾炎时，滤过膜会增厚，孔隙变小，机械屏障作用增加而滤过率下降，故超滤液量减少。但因为滤过膜各层糖蛋白减少，电化学作用减弱，原来不能滤过的血浆蛋白，也能进入囊腔，甚至体积较大的血细胞都进入滤液，最后生成蛋白尿或血尿。

肾小球有效滤过面积与滤过率也有密切关系。滤过面积减少时，肾小球的滤过率也下降。一般情况下滤过面积比较稳定。在病理情况下，如在急性肾小球肾炎时，由于肾小球毛细血管管腔变窄或完全阻塞，以致有滤过功能的肾小球数量减少，有效滤过面积也随之减少，导致肾小球滤过率降低，结果出现少尿甚至无尿。

2. 有效滤过压的改变

如上所述，在构成有效滤过压的三个因素中，任一因素的变化都影响肾小球的滤过作用（图 6-6）。

(1)肾小球毛细血管血压　由于肾血流量具有自身调节机制，只要动脉血压在

10.7～24.1 kPa 范围内变动，肾小球毛细血管血压就能维持相对稳定，从而使肾小球滤过率基本保持不变。当动脉血压降到 10.7 kPa 以下时(如大出血)，肾小球毛细血管血压将相应下降，于是有效滤过压降低，肾小球滤过率也减小。当动脉血压低于 5.3～6.7 kPa 时，肾小球滤过率将降低到零，因而无尿生成。

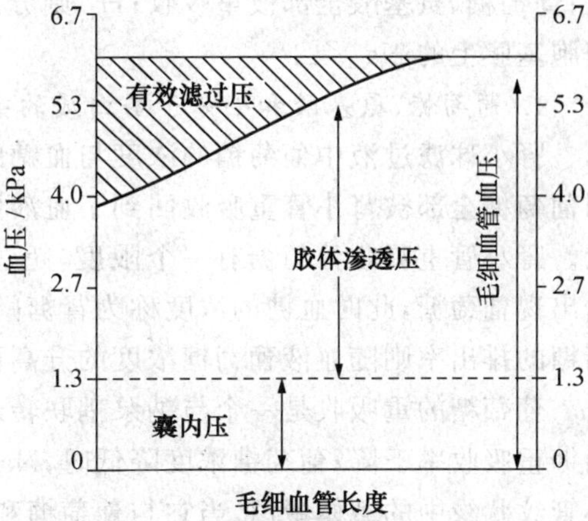

图 6-6　肾小球毛细血管血压，胶体渗透压和囊内压对肾小球滤过率的影响

(2)囊内压　在正常情况下，肾小囊内压是比较稳定的。若出现肾盂及输尿管结石、肿瘤压迫或其他原因引起的输尿管阻塞，尿液积聚时，肾小囊内压升高，有效滤过压随之降低，肾小球滤过率减少。动物患溶血性疾病时，由于溶血过多，过量血红蛋白堵塞肾小管，进而导致囊内压升高而影响肾小球滤过。

(3)血浆胶体渗透压　在正常情况下，血浆胶体渗透压是相对稳定的。只有全身血浆蛋白的浓度明显降低时，才会出现血浆胶体渗透压的降低。例如快速静脉注射大量生理盐水时，可因血浆胶体渗透压的降低，而引起肾小球滤过率的增加，尿量增多。

3. 肾血流量

肾脏的血液流量很大，为肾小球滤过提供充足的血浆，以确保体液容量和溶质浓度的微细调节。肾血浆流量主要影响滤过平衡的位置。当肾血浆流量加大时，血浆胶体渗透压上升速度减慢，滤过平衡位置靠近出球小动脉端，有效滤过压和滤过面积增加，肾小球滤过率将随之上升。如果肾血流量进一步增加，血浆胶体渗透压上升速度进一步减慢，滤过作用遍及整个肾小球毛细血管，肾小球滤过率就进一步增加；反之，则出现相反的效应。在严重缺氧、失血、中毒性休克等病理情况下，交感神经兴奋致使血管收缩，肾血浆流量减少，肾小球滤过率也显著降低。

知识点二　肾小管与集合管的转运功能

肾小管和集合管的转运包括重吸收和分泌，重吸收与分泌作用均属于物质跨膜转运功能。重吸收是指水和溶质从肾小管液中转运至血液中，而分泌是指肾小管上皮细胞将自身产生的物质或血液中的物质转运至肾小管液中的过程。原尿生成后进入肾小管被称为小管液。小管液经过肾小管和集合管的重吸收与分泌作用后成为终尿，最后被排出体外。经过肾小管与集合管的转运，小管液的数量会大幅度减少(99%以上的小管液被重吸收)，质量也发生重大改变(小管液的营养物质含量急剧减少，而排泄物的浓度迅速增高)，使原尿最终被改造成为终尿。

一、近端小管和肾单位髓袢中的物质转运功能

(一)近端小管的转运功能

原尿流经近端小管后，其中 67% 的 Na^+、Cl^-、K^+ 和水被重吸收；85% 的 HCO_3^- 被重吸

收；葡萄糖、氨基酸全部被重吸收；H^+ 则分泌到小管液中。近端小管重吸收的动力是肾小管细胞基膜上的 Na^+ 泵。

1. 葡萄糖、氨基酸和小分子蛋白质的重吸收

肾小球滤过液中葡萄糖的浓度与血糖的浓度相同，但正常尿液中几乎不含葡萄糖，这说明葡萄糖全部被肾小管重吸收回到了血液中。葡萄糖的重吸收的部位主要在近曲小管前半段。肾小管重吸收葡萄糖有一个限度，超过这一限度，葡萄糖就不能被完全重吸收，尿中开始出现葡萄糖，此时血糖的浓度称为肾糖阈。当血液中葡萄糖的浓度超过肾糖阈后，尿中葡萄糖的排出率则随血液葡萄糖浓度的升高而相应增多。

葡萄糖的重吸收是一个与钠泵耦联转运的主动过程（图 6-7）。小管液中 Na^+ 减少时葡萄糖重吸收率下降；葡萄糖浓度降低时，Na^+ 的转运也随之下降。这一耦联活动依赖于近曲小管纹状缘中的载体蛋白，当它与葡萄糖和 Na^+ 在结合位点上相结合形成复合体后，由管腔膜外侧进入膜内。入膜后 Na^+ 与葡萄糖脱离，Na^+ 经膜中的泵的作用主动排出胞外而进入组织间液；而入膜后的葡萄糖则可通过与 Na^+ 无关的载体蛋白，顺浓度差透过管周膜进入组织间液。

小管液中氨基酸的重吸收与葡萄糖重吸收的机制相同。小管液中的少量小分子血浆蛋白，是通过肾小管上皮细胞的吞饮作用被重吸收的。

2. Na^+、Cl^-、HCO_3^- 的重吸收及 H^+ 的分泌

当小管液中 Na^+ 的浓度轻微升高时，Na^+ 便和葡萄糖一起与同向转运蛋白结合顺着浓度梯度扩散到细胞内。进入细胞的 Na^+ 随即被细胞基膜上的钠泵泵入细胞间隙，始终使细胞内的 Na^+ 浓度保持低水平。Na^+ 进入细胞间隙，Na^+ 浓度升高，渗透压升高，通过渗透压作用水也随之进入细胞间隙，细胞间液的静水压升高。加上肾小管上皮细胞间存在的紧密连接的阻碍作用迫使 Na^+ 和水进入邻近的毛细血管。尽管这样，还是有一部分 Na^+ 通过紧密连接回漏到小管腔（图 6-8）。

小管液中的 Na^+ 和细胞内的 H^+ 还可以共同与管腔膜上的逆向转运载体（又称交换载体）蛋白结合，以相反的方向转运，即小管液中的 Na^+ 顺着浓度梯度进入细胞，而细胞内的 H^+ 分泌入管腔，这称为 Na^+-H^+ 交换（图 6-8A）。

肾小管的泌 H^+ 作用总是与 HCO_3^- 的重吸收相耦联。血液及小管液中的 HCO_3^- 都是以 Na^+ 盐的形式存在。但小管液中的 HCO_3^- 不易通过管腔膜，因此它必须先与 H^+ 结合成 H_2CO_3，再解离为 CO_2 和 H_2O。CO_2 是高脂溶性物质，可迅速通过管腔膜进入细胞内，所以近球小管对 HCO_3^- 的吸收是以 CO_2 的形式进行的。至于回到血液中的 HCO_3^- 则由进入细胞的 CO_2 与 H_2O 在碳酸酐酶的催化下再合成 H_2CO_3，然后解离成 HCO_3^- 和 H^+ 的结果，某些药物（如乙酰唑胺）可抑制碳酸酐酶，减少 H^+ 的生成，影响到 Na^+-H^+ 交换，$NaHCO_3$ 的重吸收也减少（图 6-9）。

在近球小管后半段，由于小管液的葡萄糖、氨基酸及 HCO_3^- 已被重吸收而造成 Cl^- 的浓度比前段的明显增高（由 105 nmol/L 升高到 140 nmol/L），因此 Cl^- 可顺着浓度差经细胞旁路，即紧密连续进入细胞间隙，而重吸收回血。继 Cl^- 的重吸收，小管液中正电荷相对增加，Na^+ 则顺着电位梯度，通过细胞旁路被重吸收。因此，近球小管后半段的 Na^+、Cl^- 的重吸收都是被动的（图 6-8B）。

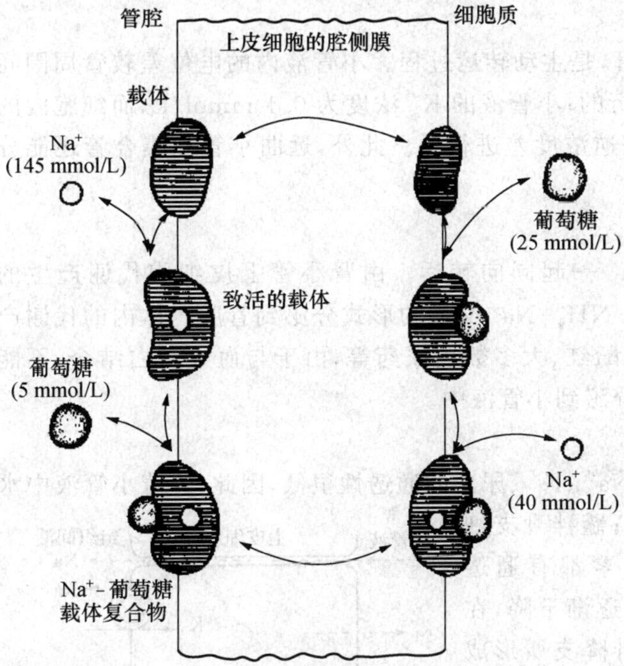

图 6-7　Na^+ 与葡萄糖相耦联的主物吸收过程

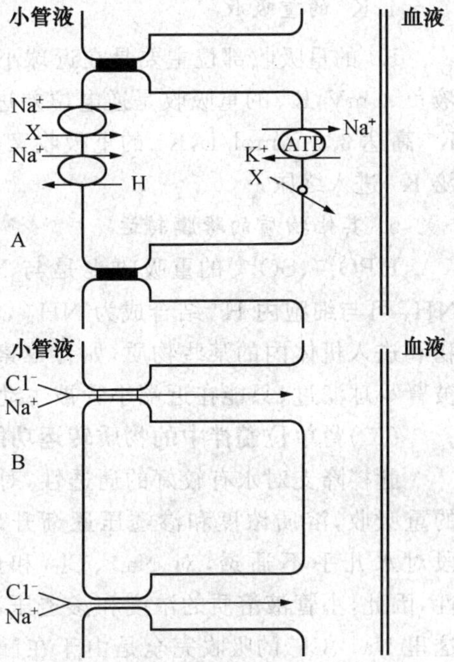

图 6-8　近端小管重吸收 NaCl 示意图

A. 近端小管的前半段，X 代表葡萄糖、氨基酸磷酸盐和 Cl^- 等；

B. 近端小管的后半段

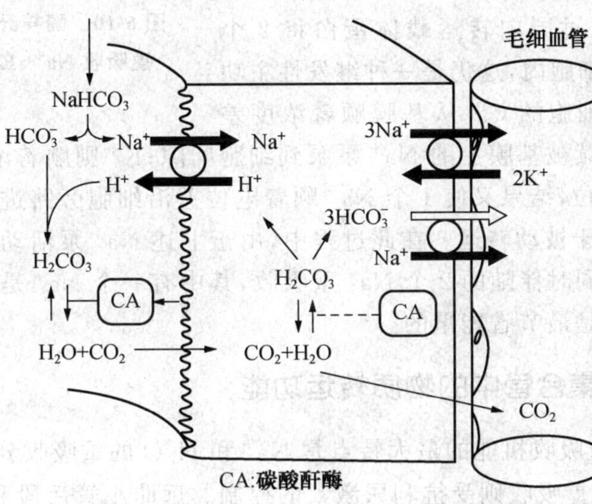

图 6-9　近端小管重吸收 HCO_3^- 的细胞机制

3. 水的重吸收

主要靠渗透作用被重吸收。由于 Na^+、HCO_3^-、葡萄糖、氨基酸和 Cl^- 等被重吸收，降低了小管液的渗透压，于是水从小管液通过紧密连接和跨细胞两条路径进入细胞间隙。另外，由于肾小管周围毛细血管内静压力较低，胶体渗透压较高，水很容易从小管周围组织进入毛细血管。

4. K^+的重吸收

K^+的重吸收部位主要是在近球小管，是主动转运过程。小管液内的电位差较管周围间液负 4 mV，K^+的重吸收是逆电位差进行的；小管液的 K^+浓度为 0.1 mmol/L，而细胞内的 K^+高达 3.8 mmol/L，K^+的重吸收又是逆浓度差进行的。此外，远曲小管和集合管还能分泌 K^+进入终尿。

5. 其他物质的跨膜转运

HPO_4^{2-}、SO_4^{2-}的重吸收也是与 Na^+一起同向转运。由肾小管上皮细胞代谢产生的 NH_3 可与细胞内 H^+结合成为 NH_4^+，以 NH_4^+-Na^+交换的形式分泌到管腔。体内的代谢产物和进入机体内的某些物质，如青霉素、酚红、大多数利尿药等，由于与血浆蛋白结合，不能被肾小球滤过，只能在近端小管被主动分泌到小管液中。

（二）肾单位髓袢中的物质转运功能

髓袢降支对水有较好的通透性，对 Na^+、K^+、尿素的通透性很低，因此，随着小管液中水的重吸收，溶质浓度和渗透压逐渐升高；髓袢升支细段对水几乎不通透，对 Na^+、Cl^-和尿素都有通透性，因此，小管液溶质的浓度和渗透压又逐渐下降，在这里 Na^+、Cl^-的吸收完全是由于在髓袢降支所形成的高渗浓度引起的被动扩散；髓袢升支粗段对水的通透性仍很低，但对 NaCl 却能主动重吸收，因此，小管液的浓度进一步降低。此段对 NaCl 的重吸收仍是由于细胞基膜上 Na^+泵的活动，在 Na^+顺着浓度梯度转运到细胞内的同时，通过同向转运载体蛋白将 2 个 Cl^-和 1 个 K^+转运到细胞内，这仍是一种继发性主功转运（图 6-10）。进入细胞的 Cl^-从基膜顺着浓度差进入细胞间隙；Na^+继续被基膜上的 Na^+泵泵到细胞间隙；K^+则顺着浓度梯度又返回小管腔，导致管腔出现正电位，结果又使 1 个 Na^+顺着电位差沿细胞旁路进入细胞间隙，这不需要额外消耗能量，纯属于被动转运。在此过程中，由于上述 Na^+泵活动的结果，继发性地主动重吸收了 2 个 Cl^-，同时伴随的 2 个 Na^+重吸收，其中有一个 Na^+是主动重吸收，另一个 Na^+是被动重吸收，这是最节省能量的。

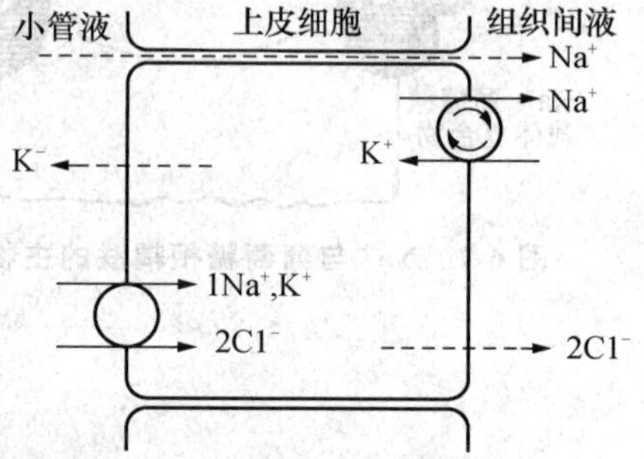

图 6-10　髓袢升支粗段继发性主动重吸收 Na^+、K^+和 Cl^-的示意图

二、远端小管和集合管中的物质转运功能

远曲小管和集合重吸收机能的最大特点是 Na^+和 H_2O 的重吸收分离，Na^+的重吸收受醛固酮的调节；H_2O 的重吸收则受抗利尿激素的控制。远曲小管后段和集合管管壁含有主细胞和闰细胞。主细胞可重吸收 Na^+和 H_2O，分泌 K^+，闰细胞则主要分泌 H^+。

1. Na^+和 Cl^-的重吸收

经髓袢重吸收后，进入远曲小管和集合管的小管液已是低渗的，其 Na^+和 Cl^-的浓度已大大低于血浆。因此，在远曲小管和集合管 Na^+和 Cl^-是逆着电化学梯度的主动转运。Na^+和 Cl^-通过 Na^+-Cl^-同向转运载体进入细胞，继而被重吸收进入血液（图 6-11）。

2. K^+的分泌

K^+是唯一既可被肾小管重吸收，又能被分泌的离子。分泌K^+是一被动过程，与Na^+的重吸收关系密切。一方面是由于Na^+泵的活动，使小管内负电位增大，从而使K^+顺着电位差进入小管液，这种关系称为Na^+-K^+交换；另一方面，Na^+进入主细胞后，可刺激细胞基膜上的Na^+泵，使更多K^+从细胞间隙泵入细胞内，提高了细胞内K^+的浓度，从而使更多的K^+可顺着浓度差通过管腔膜进入小管液（图6-11B）。

3. H^+的分泌

远曲小管和集合管均能分泌H^+，但分泌H^+最强的是近端小管，H^+泵逆着电化学梯度主动分泌。H^+的来源乃是细胞内的CO_2和H_2O（图6-11B）。H^+的分泌常与Na^+交换，与K^+形成竞争。

4. NH_3的分泌

由小管上皮细胞代谢产生的NH_3是脂溶性的，可以向小管液或细胞间隙液自由扩散，扩散的方向和量取决于小管液和细胞间隙液的pH。一般小管液pH降低，则NH_3较易向小管液扩散。分泌到小管液中的NH_3与H^+结合生成NH_4^+，NH_4^+形成后进一步与强酸盐（如NaCl）的负离子结合随尿排出。强酸盐解离后的正离子（如Na^+）可与H^+交换进入小管上皮细胞，再与HCO_3^-一起回血。远曲小管和集合管分泌的H^+和NH_3密切相关，NH_4^+的生成可促进$NaHCO_3$的重吸收。

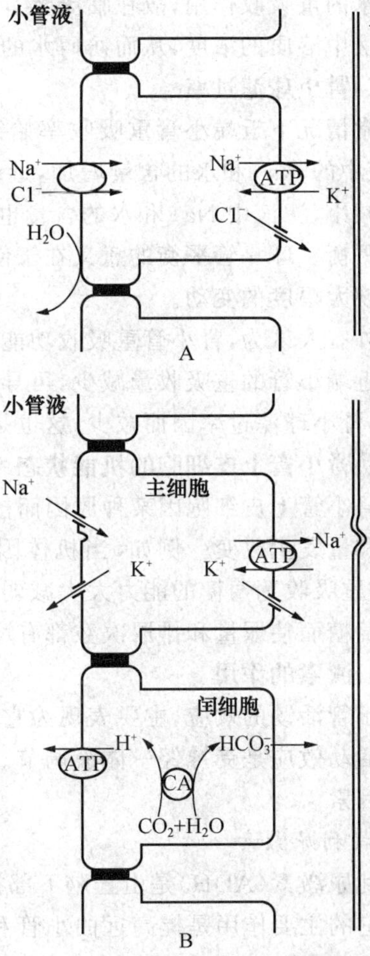

图6-11 远球小管和集合管重吸收NaCl、分泌K^+和H^+的示意图

A. 远曲小管初段 B. 远曲小管后段和集合管

三、影响肾小管和集合管重吸收和分泌的因素

影响肾小管和集合管重吸收和分泌的因素主要有四个：一是小管液中溶质的浓度；二是肾小球的滤过率；三是肾小管上皮细胞的机能状态；四是激素的作用。

(一)原尿中溶质浓度的改变

当原尿中溶质浓度增加，并超过肾小管对溶质的重吸收限度时，原尿的渗透就会升高，而渗透压的升高必将妨碍肾小管对水的重吸收，于是尿量增加。例如，静脉注射高渗葡萄糖后，血糖浓度升高，原尿中糖的浓度也随之增加，如果浓度的增加超过了肾小球重吸收的限度，即所谓的肾糖阈时，则有一部分糖因不能被重吸收而使原尿的渗透压升高，影响肾小管上皮细胞对水的重吸收作用，从而使尿量增加。由于增加原尿中溶质的浓度能减少肾小管对水的重吸收作用，故在临床上有时给病畜服用不被肾小管重吸收的物质，利用它来提高小管液中溶质的浓度，从而妨碍水的重吸收，借此达到利尿和消除水肿的目的。

(二)肾小球滤过率

正常情况下近端小管重吸收率始终为肾小管滤过率的65%～70%。肾小球滤过率增大，滤液中的Na^+和水的含量增加，近端小管对Na^+和水的重吸收率也升高；反之，肾小球滤过率减小，滤液中Na^+和水的含量也减少，对它们的重吸收率也相应降低，这种现象称为球—管平衡。球—管平衡的意义在于使尿液中排出的溶质和水不至于因肾小球滤过率的增减而出现大幅度的变动。

此外有人认为，肾小管重吸收功能的改变也可反过来引起肾小球滤过率发生相应的变化。如近端小管的重吸收量减少，可导致小管内压增加，进而使囊内压增加，于是有效滤过压降低，肾小球滤过率因而减少，这也是一种球—管平衡现象。

(三)肾小管上皮细胞的机能状态

当肾小管上皮细胞因某种原因而被损害时，往往会影响它的正常重吸收功能，从而使尿液的质和量发生改变。例如，当机体因根皮苷中毒时，能引起肾小管上皮细胞机能发生障碍，使它重吸收葡萄糖的能力大大减弱，于是有较多的葡萄糖随尿排出，并因终尿中含有较多的葡萄糖而使尿量和排尿次数都有增加。

(四)激素的作用

肾小管活动的效应，主要表现为它对水的重吸收以及对离子的重吸收和分泌。肾小管的这些活动效应是受神经—体液调节。一般认为，某些激素的作用是肾小管活动效应的主要调节因素。

1. 抗利尿激素

抗利尿激素(ADH)是由丘脑下部视上核和室旁核细胞分泌，通过神经垂体释放的一种激素。它的主要作用是提高远曲小管和集合管上皮细胞对水的通透性，从而促进水的重吸收，使尿液浓缩，尿量减少。此外，抗利尿激素还能增强集合管对尿素的通透性，并减少肾髓质的血流量。

影响抗利尿激素(ADH)释放的因素，主要有两种：

(1)血浆晶体渗透压　丘脑下部有渗透压感受器，它对血浆晶体渗透压的变化特别敏感。当血浆晶体渗透压升高时(加大出汗、腹泻、脱水等)，渗透压感受器受到刺激，反射地引起抗利尿激素(ADH)释放增加；当血浆晶体渗透压降低时(如大量饮清水后)，抗利尿激素(ADH)释放减少或停止。大量饮清水后尿量增多的现象，叫作水利尿。主要是由于抗利尿激素(ADH)释放减少，使水重吸收减少所致。

(2)循环血量　心房(主要是左心房)和胸腔内大静脉处有容量感受器，对循环血量的变化敏感。当循环血量增加时，容量感受器受刺激而兴奋，可反射性地抑制抗利尿激素(ADH)的释放，从而引起利尿，排出水分，恢复正常循环血量；当循环血量减少时，容量感受器受抑制，抗利尿激素(ADH)释放增多，水的重吸收增加，有利于循环血量的恢复。此外，疼痛刺激能引起抗利尿激素(ADH)释放量增加，而弱的冷刺激则可抑制抗利尿激素(ADH)的释放。

2. 醛固酮

醛固酮是肾上腺皮质分泌的一种激素，其主要作用是促进远曲小管和集合管对Na^+的重吸收并继发水的重吸收。醛固酮促进 Na^+ 的重吸收有两种方式：一是以中性盐（NaCl）的形式；二是以离子交换的形式（如 Na^+-K^+ 交换、Na^+-H^+ 交换）。故 Na^+ 的重吸收继发了 Cl^-、K^+ 和 H^+ 的转运。

醛固酮的分泌主要受肾素—血管紧张素系统和血 K^+、血 Na^+ 浓度的影响。

（1）肾素-血管紧张素系统　肾素释放入血后，分解血浆中的血管紧张素原，生成血管紧张素Ⅰ，后者转变成血管紧张素Ⅱ等。血管紧张素Ⅱ作用之一，是刺激肾上腺皮质释放醛固酮。醛固酮作用于远曲小管和集合管，促进钠和水的重吸收，使血量回升。

（2）血 K^+ 和血 Na^+ 浓度　血 K^+ 升高或血 Na^+ 降低时，醛固酮分泌量增加。于是肾脏通过保 Na^+ 排 K^+ 来维持血 Na^+ 和血 K^+ 浓度的平衡；血 Na^+ 升高或血 K^+ 降低时，醛固酮分泌量减少。

3. 甲状旁腺素和降钙素

甲状旁腺素的作用是促进肾小管对钙的重吸收，抑制磷的重吸收。另外还能抑制近曲小管对 Na^+、K^+、HCO_3^- 和氨基酸的重吸收；降钙素的作用是促进钙、磷从尿中排出，抑制近曲小管对 Na^+ 和 Cl^- 的重吸收，使尿量和尿 Na^+ 的排出增加。

知识链接

大量失血为何会导致尿量减少？

大失血造成低血压休克时尿量会减少。其原因有三：①血压降低→肾小球毛细血管血压明显降低→有效滤过压降低→肾小球滤过率明显减少→尿量减少；②循环血量减少→对心房容量感受器的刺激减弱→反射性引起 ADH 分泌增加→远曲小管和集合管对水的通透性增加，重吸收水增多→尿量减少；③循环血量减少启动肾素—血管紧张素—醛固酮系统→醛固酮合成和分泌增加→远曲小管和集合管重吸收 Na^+、水的量增加→尿量减少。

知识点三　尿的排放

终尿在肾脏生成后，先经集合管进入肾盂，然后借输尿管蠕动，流入膀胱贮存。膀胱是中空的肌性贮尿器官，大部分是逼尿肌，由平滑肌构成。膀胱与尿道连接处有两道括约肌，连着膀胱的为内括约肌，紧靠尿道部的为外括约肌。尿液生成过程是连续不断的，而生成的尿液进入膀胱后要积存达一定量时，才间歇性地引起排尿反射动作，将尿液经尿道排放于体外。

一、膀胱与尿道的神经支配

膀胱的逼尿肌与尿道内、外括约肌由三组神经支配。

（一）盆神经

泌尿神经，自腰荐部脊髓发出。盆神经中含有副交感神经纤维，当其兴奋时，可使逼尿肌收缩，尿道内括约肌松弛，促进排尿。

(二)腹下神经

充盈神经，自脊髓胸腰段侧角发出的交感神经纤维经腹下神经到达膀胱。当其兴奋时，可使逼尿肌松弛，尿道内括约肌收缩，抑制排尿，有助贮尿。在排尿活动中交感神经的作用较为次要。

(三)阴部神经

躯体神经，自腰荐部脊髓发出支配尿道外括约肌，是高级中枢意识控制排尿活动的主要传出途径。它的兴奋可使外括约肌收缩。当阴部神经受反射性抑制时，外括约肌放松，利于排尿。

上述三组神经均有传入神经纤维：盆神经中含有来自膀胱牵张感受器的传入纤维，可把膀胱充胀感传入中枢；腹下神经中含传入膀胱过度膨胀及疾病引起的疼痛感的神经纤维；阴部神经含传入尿道感觉的神经纤维。由于调节膀胱和尿道活动的神经都来自腰荐部脊髓，所以通常把该段脊髓视为低级排尿中枢所在的部位。在机体内脊髓低级排尿中枢受延髓、中脑、下丘脑以及大脑皮层的调节(图 6-12)。

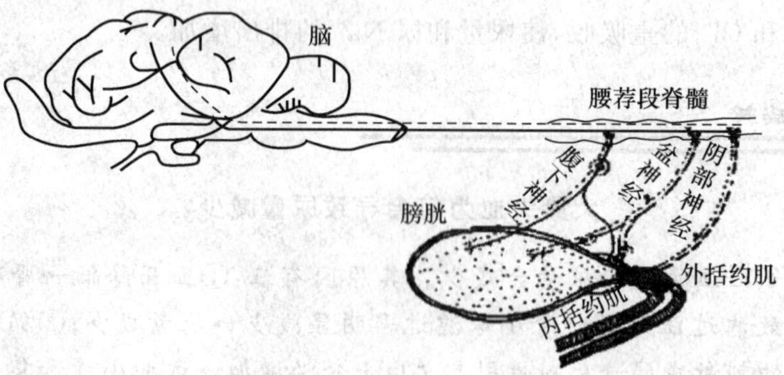

图 6-12　排尿的神经调节

二、排尿反射

排尿是一种反射性活动。膀胱中的尿液储存到一定容量时，膀胱壁的牵张感受器受到刺激而兴奋。冲动沿盆神经传入，到达腰荐部脊髓排尿反射的初级中枢。同时，冲动也上传到脑干和大脑皮层的排尿反射高位中枢，产生尿意。如果当时的条件不适于排尿，低级排尿中枢可被大脑皮层抑制，使膀胱壁进一步松弛，继续储存尿液，直至有排尿的条件或膀胱内压过高时，低级排尿中枢的抑制才被解除。这时排尿反射的传出冲动沿盆神经传到膀胱，引起逼尿肌收缩、内括约肌松弛，于是尿液进入尿道。进入尿道的尿液刺激尿道的感受器，冲动沿阴部神经也传到脊髓排尿中枢，进一步加强其活动，使外括约肌开放，于是尿液被排出。逼尿肌的收缩又可刺激膀胱壁的牵张感受器，它的兴奋进一步反射性地引起膀胱收缩，尿液对尿道的刺激可进一步反射性地加强排尿中枢活动。这是一种正反馈，它使排尿反射一再加强，直至尿液排完为止。在排尿末期，由于尿道海绵体肌肉收缩，可将残留于尿道的尿液排出体外。此外，在排尿时，腹肌和膈肌的收缩也产生较高的腹内压，协助克服排尿阻力。

大脑皮层能控制排尿反射活动。动物排尿的地点及频率，可通过调教或训练加以控制，使动物能定时、定点排尿，这对于节省管理用工、减轻劳动强度和改善环境条件均具有实际意义。

知识链接

临床常见的排尿异常现象

尿频：由于膀胱炎症或机械性刺激（如膀胱结石）而引起的排尿次数过多。

尿潴留：腰荐骶部脊髓损伤使排尿反射初级中枢的活动发生障碍，导致膀胱中尿液充盈过多而不能排出尿流也能造成尿潴留。

尿失禁：脊髓受损，初级中枢与大脑皮层失去功能联系，可出现尿失禁。

知识点四　禽类的泌尿特点

禽类的泌尿器官由一对肾脏和两条输尿管组成，没有肾盂和膀胱。生成的尿液经输尿管直接排入泄殖腔，随粪便一起排出体外。

禽类的尿液一般是淡黄色，较浓稠，饮水多时变稀薄些。尿 pH 为 5.8～8.0，变动范围较大。泄殖腔中尿液的水可被重吸收，渗透压较高。禽尿成分与哺乳动物比较，主要区别在于禽尿内尿酸含量大于尿素，肌酸含量大于肌酸酐。尿酸的毒性小，微溶于水，每升只溶解 6 mg 左右，一般以糊状沉淀形式排出。鸟类粪便中的白色半固体部分即是尿酸。

禽类肾小球有效滤过压低于哺乳动物，为 1～2 kPa，生成尿液过程中滤过作用不如哺乳动物重要。小管液中 99%的水，全部葡萄糖，部分氯、钠和碳酸盐等成分可被重吸收。

禽类肾小管的分泌与排泄作用在尿生成过程中较为重要。90%左右的尿酸是由肾小管分泌和排泄的；禽类肾小管还能分泌马尿酸、鸟便酸、对乙氨基苯甲酸等代谢产物。

鸭、鹅和一些海鸟等水禽具有一种叫作鼻腺的组织。鼻腺并非都位于鼻腔内，多数海鸟是位于头顶或眼眶上方，只是其分泌液是从鼻腔流出而已。鼻腺能分泌大量的氯化钠，可以补充肾脏的排盐功能，对维持体内水盐和渗透压平衡起重要作用。

复习思考

1. 肾脏有哪些生理功能？
2. 简述尿的生成过程。
3. 影响尿生成的因素有哪些？
4. 快速静脉注射大量生理盐水、大量饮水、大量饮生理盐水、静脉注射 50%葡萄糖 40 mL 这四种情况尿量将会发生什么变化？为什么？
5. 大量出汗后，尿量会发生什么变化？为什么？

Project 7

认知动物体温及调节

学习目标

了解影响动物正常体温波动的因素及生理波动范围；
理解动物体温的调定点学说的内容；
掌握动物产热和散热的途径；
掌握动物体温的调节方式；
能用正确方法测定动物体温。

动物机体具有一定的温度，即体温。体温既是新陈代谢的结果，又是进行新陈代谢和正常生命活动的重要条件。动物在进行物质代谢过程中所释放的能量除供骨骼肌收缩做功外，其他最终都将转化为热能，为此动物具有一定的体温。恒温动物的体温相对稳定，这种稳定在体温调节中枢的控制下，通过包括神经、激素、血液循环、骨骼肌和褐色脂肪组织参与的自主性体温调节和行为性体温调节，从而使机体的产热和散热过程保持动态平衡。各类动物都有独特的适应环境温度变化的能力，以致人类可以用来驯化动物和进行动物生产活动。

知识点一　动物的体温及正常变动

一、变温、异温和恒温动物

地球上的温度可在－70～60℃内变化。按照调节体温的能力可将动物分为变温动物、异温动物和恒温动物三类。

变温动物是指在一个狭小的温度范围内，体温随环境温度的改变而改变的一类动物。当环境温度过高时动物就进入阴凉处；当气温过低时就到日光下取暖或钻入洞穴内进入冬眠状态，这种通过动物的行为来调节体温的方式称为行为性体温调节。如蜥蜴根据阳光的照射程度来调整躯体的去处，早晨蜥蜴将头部露出沙土之上以接受阳光的照射，身体的其余部分则埋藏在沙土中；中午则躲在阴凉处；下午则露出全身，与阳光平行，以接受阳光的照射。

恒温动物又称温血动物，能在较大的气温变化范围内保持相对恒定的体温（35～42℃）。恒温动物主要是通过调节体内生理过程来维持相对稳定的体温，这种调节方式称为生理性体温调节，又称自主性体温调节。恒温动物是生物进化的产物，在动物界中只有哺乳动物和鸟类是恒温动物，其余的绝大多数是变温动物。

在变温动物与恒温动物之间还有一类为数很少的异温动物，包括很少几种鸟类和一些低等哺乳动物。它们的体温调节机制介于变温动物与恒温动物之间，例如，冬眠动物在非冬眠季节维持相当恒定的体温，在冬眠季节进入冬眠状态，体温维持高于环境温度约2℃，并随环境温度的变化而变化，异温动物的冬眠与变温动物的冬眠有本质的区别。

二、畜禽的体温

畜禽都属于恒温动物，具有相对恒定的体温。正常的体温是机体进行新陈代谢和生命活动的必要条件。机体各部分的温度并不相同，可分为体表温度和体核温度。

（1）体表温度　是指体表及体表下结构（如皮肤、皮下组织等）的温度，又称表层温度。由于易受环境温度或机体散热的影响，体表温度波动幅度较大，且各部分温度差也大。

（2）体核温度　指机体深部，包括心、肺、脑和腹部器官的温度，又称深部温度。体核温度比体表温度高，且比较稳定，由于体内各器官的代谢水平不同，其温度略有差异，但变化一般不超过0.5℃。循环的血液是体内传递热量的重要途径，由于血液不断循环，使深部各个器官的温度经常趋于一致。家畜体内温度分布也有此特点。

生理学所说的体温是指深部体温的平均温度，临床上一般有三种体温表示方法：①直肠温度；②腋下温度；③口腔温度。通常用动物的直肠温度来代表动物体温。动物因种别、年龄、生理状态和生活环境不同，体温可能有所不同。表7-1列出了成年畜禽安静状态下的直肠温度。

表7-1 健康畜禽的直肠温度 ℃

动物	平均	范围	动物	平均	范围
黄牛	38.3	36.7～39.7	山羊	39.1	38.5～39.7
水牛	37.8	36.1～38.5	犬	38.9	37.9～39.9
乳牛	38.6	38.0～39.3	猫	38.6	38.1～39.2
骆驼	37.5	34.2～40.7	兔	39.5	38.6～40.1
猪	39.2	38.7～39.8	鸡	41.7	40.6～43.0
马	37.6	37.2～38.1	鸭	42.1	41.0～42.5
驴	37.4	36.4～38.4	鹅	41.0	40.0～41.3
绵羊	39.1	38.3～39.9			

(引自陈杰主编《家畜生理学》第4版)

三、畜禽体温的生理波动

在生理情况下，机体的体温可在一定范围内变动，称为体温的生理性波动，其受昼夜、性别、年龄、肌肉活动、机体代谢等因素的影响。

(1)体温的昼夜活动　白天活动的动物，其体温在清晨时最低，午后最高，一天内温差可达1℃左右。如牛的直肠温度下午比清晨约高0.5℃；放牧绵羊昼夜体温波动约为1℃；驴可达2℃。体温的这种昼夜周期波动称为昼夜节律。

(2)年龄　体温与年龄有关。新生动物代谢旺盛，体温比成年动物高。老龄动物因基础代谢率低，循环功能虚弱，其体温略低于正常成年动物。

(3)性别　雌性动物体温高于雄性。雌性动物发情时体温升高，排卵时体温下降。有实验表明兔注射孕酮后，其体温上升。因此，雌性动物的体温随周期变动的现象可能与性激素的周期性分泌有关，其中孕激素或其代谢产物可能是导致体温上升的因素。

知识链接

动物的生物节律现象

实验研究表明，动物有很多生理现象具有生物节律，如体温的昼夜变化、细胞中酶的活性变化、激素的分泌以及动物的某些行为等。通常认为生物节律现象是由机体内存在的生物钟来控制的。

(4)肌肉活动　肌肉活动时代谢增强，产热量明显增加，导致体温上升。例如马在奔驰时，体温可升高到40～41℃，肌肉活动停止后逐步恢复正常水平。

此外，地理气候、精神紧张、采食和环境温度变化、麻醉等因素也可对体温产生影响。在测定动物的体温时，对以上因素应予以注意。

知识点二　机体的产热与散热

畜禽正常体温的维持有赖于机体的产热过程和散热过程的动态平衡。机体在新陈代谢过程中，不断地产生热量，用于维持体温。同时，体内所产生的热量又由循环血液带到体表，通过辐射、传导、对流以及蒸发等方式不断向外界散发，产热过程达到动态平衡，体温就可维持在一定水平上，从而保持体温的恒定。如产热多于散热，引起体温升高，而散热超过产热则引起体温下降。

一、产热

1. 产热器官

体内的热量是由三大营养物质（碳水化合物、蛋白质、脂肪）在各组织器官中进行分解代谢时产生的。体内的一切组织细胞活动时都产生热，由于新陈代谢水平的差异，各组织器官的产热量并不相同。肌肉、肝脏和腺体产热最多。肝脏的代谢最旺盛，产热量最大。而运动和劳役时，骨骼肌代谢明显增加，人在剧烈运动时，肌肉产热量可增加40倍之多，占机体总产热量的90%（表7-2）。马负重100 kg以30 km/h速度运动10 min，产热量较安静时可增加101倍。草食家畜的饲料在瘤胃发酵，产生大量热能，也是体热的重要来源。

表7-2　几种组织器官的产热百分比

组织器官	占体重百分比/%	占总产热量的百分比/%	
		安静状态	劳役或运动
脑	2.5	16	1
内脏	34.0	56	8
骨骼肌	56.0	18	90
其他	7.5	10	1

2. 机体的产热形式

动物在寒冷环境中，散热量明显增加，机体要维持体温的相对稳定，可通过寒战性产热和非寒战性产热两种形式来增加产热量。

（1）寒战性产热　寒战是骨骼肌发生不随意的节律性收缩，特点是屈肌和伸肌同时收缩，所以不做外功，但产热量很高。寒冷刺激可引起骨骼肌出现寒战性收缩，使产热量增加4～5倍，称寒战性产热；寒战是机体产热率最高的产热方式，温度越低越强烈。寒战是骨骼肌的反射活动，由寒冷刺激作用于皮肤冷感受器所引起。

（2）非寒战性产热　又称代谢性产热，是指机体处于寒冷环境中时，除寒战性产热外，体内还会发生广泛代谢增强的现象。这部分产热与肌肉收缩无关，主要是由于寒冷时体内肾上腺素、去甲肾上腺素、甲状腺素分泌增多，引起机体（特别是肝脏）产热增多；全身脂肪代谢的酶系统也被激活，导致脂肪被分解、氧化，产生热量。其中，以褐色脂肪组织的产热量最大。因为这部分产热与肌肉收缩无关，称为非寒战性产热（或代谢产热）。

3. 等热范围

动物产热量随环境温度而改变。在适当的环境温度范围内，动物的代谢强度和产热量可保持在生理的最低水平而体温仍能保持恒定，这种环境温度称为动物的等热范围(图 7-1)。生产实践中以在等热范围内饲养畜禽最为适宜，在经济上也最为有利。环境温度过低，机体将提高代谢强度，增加产热量才能维持体温，因而饲料的消耗增加；反之，环境温度过高则会降低动物的生产性能。各种畜禽的等热范围如表 7-3 所示。

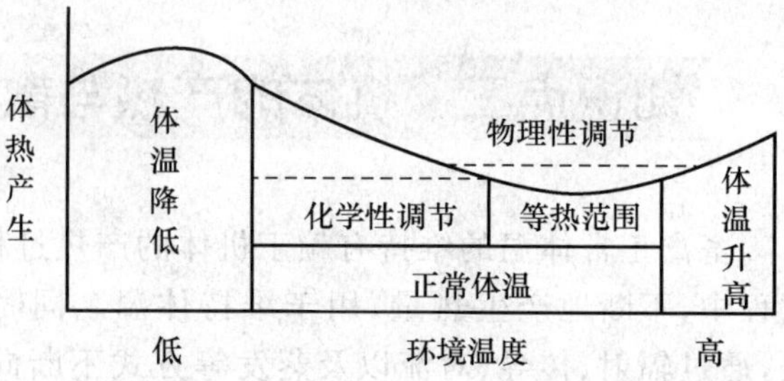

图 7-1 等热范围示意图

表 7-3 各种畜禽的等热范围

℃

家畜种类	等热范围	家畜种类	等热范围
牛	16～24	豚鼠	25
猪	20～23	大鼠	29～31
绵羊	10～20	兔	15～25
犬	15～25	鸡	16～26

等热范围视动物种别、品种、年龄及管理条件不同而不同。等热范围的低限温度称为临界温度。从年龄来看，幼畜的临界温度高于成年家畜，这不仅由于幼畜的皮毛较薄，体表面积与体重的比例较大，较易散热，还由于幼畜以哺乳为主，产热较少的缘故。

二、散热

1. 主要散热途径

动物的主要散热部位是皮肤。皮肤可以通过辐射、传导和对流等方式向外界散发热量，经这一途径散发的热量占全部散热量的 75%～85%。另外，机体还可以通过呼吸器官、消化器官和排尿等途径向外界散热。

2. 散热方式

(1)辐射　机体以热射线(红外线)的形式向外界散发体热的方式称为辐射散热。在常温和安静状态下辐射散热是机体最主要的散热方式，大约占总热量的 60%。辐射散热量的多少主要与皮肤和周围环境之间的温度差、有效辐射面积等因素有关。

(2)传导　传导散热是指机体的热量直接传递给同它接触的较冷物体的一种散热方式。传导散热量的多少与接触面积、温度差和物体的导热性能有关。

(3)对流　对流散热是指机体通过与周围的流动空气来交换热量的一种方式，是传导散热的一种特殊形式。对流散热与空气对流速度有关，风速越大散热越多。在畜牧生产上，夏季加强通风可增加散热，冬季则尤其要注意防风以减少散热，这些措施均有利于畜禽体温的维持。

(4)蒸发　蒸发散热是机体通过体表水分的蒸发来散发体热的一种方式。当环境温度等于或高于皮肤温度时，机体已不能用辐射、传导和对流等方式进行散热，蒸发散热便成了唯一有效的散热方式。据测定,在常温下,蒸发 1 g 水可使机体散发 2.43 kJ 的热量。蒸发散热有显汗蒸发和不显汗蒸发两种形式。不显汗蒸发是指机体中水分直接渗透到皮肤和黏膜表面,在未聚集成明显汗滴前即被蒸发掉。这种蒸发持续不断地进行,即使在低温环境中也同样存在,与汗腺的活动无关。不显汗蒸发是一种很有效的散热途径,有些动物如犬、牛、猪等,虽有汗腺结构,但在高温下也不能分泌汗液,而必须通过呼吸道加强蒸发散热。通过汗腺主动分泌汗液,由汗液蒸发有效带走热量的方式称为显汗蒸发。当环境温度达 30℃以上或动物在劳役、运动时,汗腺便分泌汗液。值得注意的是,汗液必须在皮肤表面蒸发,才能吸收体表的热量,达到散热的效果。如果汗液被擦掉,就不能起到散热的作用。汗液的蒸发受环境温度、空气对流速度、空气湿度等因素的影响。环境温度越高,汗液的蒸发速度越快;空气对流速度越快,汗液越易蒸发;环境湿度大时,汗液则不易蒸发,体热因而不易散失,结果会反射性地引起大量出汗。

三、体温调节

机体主要通过神经和内分泌系统调节产热和散热过程,使两者在外界环境和机体代谢水平经常变化的情况下保持动态平衡,实现体温的相对稳定。

知识链接

动物的热应激与中暑

动物的热应激属于动物对热环境条件的适应现象,而中暑则是指动物在炎热环境中对体温失去调整能力,从而使体温升高,严重的可引起死亡。

体温调节由温度感受器、体温调节中枢、效应器共同完成。通常健康动物的体温都能维持在一个正常范围之内,但体温总会受到内外环境变化的干扰。这些干扰可通过反馈途径协调产热和散热,建立相应的体热平衡,使体温保持稳定(图 7-2)。

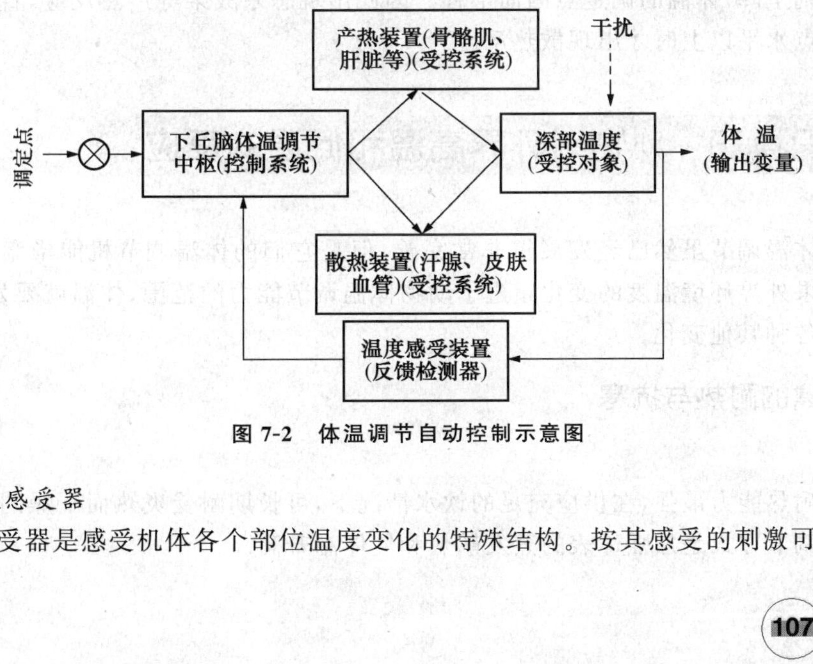

图 7-2 体温调节自动控制示意图

1. 温度感受器

温度感受器是感受机体各个部位温度变化的特殊结构。按其感受的刺激可分为冷感受器和热感受器;按其分布的部位又可分为外周温度感受器和中枢温度感受器。

(1)外周温度感受器　皮肤、黏膜和内脏中广泛分布着此种感受器,包括冷感受器和热感受器,它们都是游离神经末梢。这两种感受器各自对一定范围的温度敏感。当局部温度升高时,热感受器兴奋;反之,冷感受器兴奋。皮肤冷感受器的数量较多,为热感受器的4~10倍,这提示皮肤温度感受器在体温调节中主要感受外界环境的冷刺激,防止体温下降。

(2)中枢温度感受器　中枢温度感受器指分布于脊髓、延髓、脑干网状结构以及下丘脑等处对温度变化敏感的神经元。根据它们对温度的不同反应,可分为两大类神经元。在局部组织温度升高时冲动发放频率增加的神经元,称为热敏神经元;在局部组织温度降低时冲动发放频率增加的神经元,称为冷敏神经元。

2. 体温调节中枢

体温调节中枢是一个多层次的整合机构,最基本的体温调节中枢位于下丘脑。大脑皮层在体温调节中起重要作用,行为性体温调节主要是通过大脑皮层实现的;下丘脑前部的温度敏感神经元可感受血液和脑组织的温度变化,也是温度传入信息的整合中枢,机体是产热还是散热,要根据整合结果而定;另外延髓、网状结构和脊髓也具有一定程度的整合功能。

3. 体温调定点学说

该学说认为,体温调定点的高低决定着体温的水平,视前区—下丘脑前部的热敏神经元起着调定点的作用。当中枢温度升高并超出某界限时,热敏神经元冲动发放的频率增加;反之,当中枢温度降低并低于某一界限时,则冲动发放减少。这些神经元对温热的感受界限即阈值(如猪为38℃左右),就是体温稳定的调定点。当中枢的温度超过调定点时,散热过程兴奋而产热过程受到抑制,体温因而不至于过高。如果中枢温度低于调定点时,产热增加,散热过程受到抑制,因此,体温不至于过低。

在正常情况下,调定点虽然可以上下移动,但范围很窄。某些中枢神经递质,如5-羟色胺、乙酰胆碱、去甲肾上腺素和一些多肽类活性物质,可对体温的调定点产生影响。当细菌感染后,由于致热原的作用,视前区—下丘脑前部的热敏神经元的反应阈值升高,而冷敏神经元的阈值则下降,体温的调定点因而上移。因此出现恶寒战栗等产热反应,直到体温升高到新的调定点水平以上时才出现散热反应。

知识点三　动物对外界高温和低温的反应

动物的体温调节虽然已经发展得非常完善,但是它们的体温调节机能毕竟是有一定的界限的。如果外界环境温度的变化超过了动物体温调节能力的范围,体温就要发生波动,同时也要出现各种其他变化。

一、畜禽的耐热与抗寒

1. 耐热

骆驼的耐热能力最强,在供应充足的饮水情况下,可长期耐受炎热而干燥的环境。它对高温的主要调节方式是加强体表的蒸发散热和使体温升高。

绵羊也有较强的耐热能力，主要调节方式是喘息，通过呼吸道蒸发散热。

马有发达的汗腺，热应激时，主要靠出汗散热，因而有一定的耐热能力。

牛的耐热能力不如羊，役用牛耐热能力强于乳牛。在高温条件下，主要通过出汗和热性喘息调节体温。热应激会使牛食欲不佳，反刍减少，消化机能明显降低，甚至抑制皱胃的食糜排空；同时泌乳牛的产乳量下降。水牛汗腺不发达，皮肤色深而厚，对热应激主要反应是水浴，依靠水介质传导散热。

猪的耐热能力较弱，尤其是仔猪更弱。

鸡在等热范围内，代谢水平基本稳定，当气温过高时，鸡出现站立、翅下垂、热性喘息、咽喉颤动等超常表现，以加强散热。

知识链接

育雏应注意控温

雏鸡体温调节功能不健全，刚出壳的雏鸡绒毛未干时，体温不足30℃，直到第2～3周时方能达到正常体温范围。育雏工作中应特别注意人工控温。

2. 抗寒

家畜的抗寒能力一般较强。马、牛和羊在气温－18℃时能调节体温稳定。牛在低温条件下，皮肤温度降低，当外界温度降低至临界温度时（如荷兰牛在10℃时），开始发生代谢升高的化学性调节。绵羊的被毛在极端的外界温度条件下，由于具有高度的绝热能力，对保持适当的体温起重要的作用。

猪的抗寒力低于其他动物，成年猪在0℃气温中难以持久保持正常体温。1日龄仔猪在0℃环境中2 h就将陷入昏睡状态。

鸡的耐寒能力一般比耐热能力稍强。成年鸡能在－50℃严寒下耐受1 h。

二、家畜对高温与低温的适应

家畜较长期地处于寒冷或炎热环境中，或一年中季节性温差变化，或由寒冷（或热带）地区迁入热带（或寒带）地区时，初期可通过各种体温调节机制保持体温恒定，随后则发生不同程度的适应现象。适应可分为三类。

1. 习惯

动物短期（通常数月）生活在超常环境温度（寒冷或炎热）中所发生的适应性反应。主要表现为酶活性和代谢率的变化，使产热过程适应已变化的温度环境。其他表现则由于环境温度因素的重复刺激使生理反应逐渐减弱，从而使习惯的动物能在此温度环境中保持正常体温。

2. 风土驯化

随着季节性变化机体发生的对环境温度的适应。表现为被毛厚度和血管收缩性发生变化等，以增强机体对外界温度变化的适应能力。如在夏季经秋季到冬季的过程中，动物的代谢并没有增高，有的甚至反而降低，但被毛增厚，皮肤血管的收缩性改善，增强了机体的保温性能，故在冬季仍能保持体温。

3. 气候适应

经过几代自然选择和人工选择，动物的遗传性发生了变化，不仅本身对当地的温度环境表现了良好的适应，而且能传给后代，成为该种或品种的特点。如寒带品种的动物有较厚的被毛和皮下脂肪层，保温效率高，在极冷的条件下无须代谢增高，体温也能保持正常水平并很好地生存。

复习思考

1. 机体的散热方式主要有哪几种？
2. 机体的体温是怎样维持恒定的？
3. 试以调定点学说解释体温调节的机制。
4. 在从事动物生产过程中为什么冬季要保暖，夏季要防暑降温？常采用哪些措施？

Project 8

认知神经生理

>>> 学习目标

理解和掌握反射活动的特点及条件反射的形成；

掌握突触结构及其传递机理；

掌握神经系统对躯体运动和内脏活动的调节；

能观察和认识脊髓的反射活动特征。

神经系统是动物生命活动中起主导作用的整合和调节系统。它既可以直接或间接地调节体内各系统、器官、组织和细胞的活动，使之互相协调，成为统一的整体，又可以通过对各种生理过程的调节，使机体随时适应内外环境的变化。

知识点一　神经元与神经纤维

神经系统主要由神经元（神经细胞）和神经胶质细胞构成，分为中枢神经系统和外周神经系统两大部分。动物中枢神经系统中有上千亿个神经元，每个神经元又通过约 20 万个突触与其他神经元联系。神经胶质细胞的数量约为神经元的 10 倍，且有多种生理功能，它对维持神经元形态、功能的完整性和神经系统微环境的稳定性等都起着重要的作用。

一、神经元的基本功能

神经元是神经系统的结构和功能单位，是高度分化的细胞，具有接受、整合和传递信息的功能。

一个神经元一般由四个重要的功能部位组成：①胞体和树突，是接受信息并进行整合的部位；②轴突的始段，是产生神经冲动的部位；③轴突，是传导动作电位的部位；④轴突末梢，是释放神经递质的部位。

神经元通过其突起与其他神经元或组织、器官（效应器）相互联系，把来自内外环境改变的信息传给中枢，加以分析、整合或储存，再经过传出通路把信息传给其他组织器官，产生一定的生理调节和控制效应（图 8-1）。

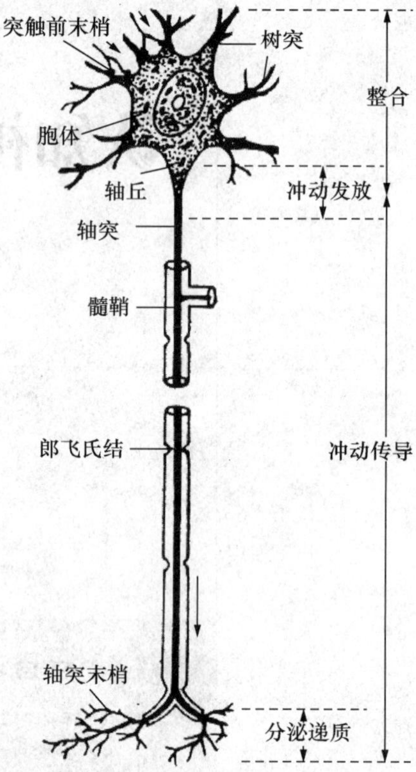

图 8-1　神经元的结构与功能

二、神经纤维的兴奋传导

神经纤维的主要功能是传导动作电位，即传导神经冲动或兴奋。

（一）神经纤维传导兴奋的一般特征

1. 完整性

神经纤维只有在结构和生理机能上都完整时，才有传导冲动的能力。当神经纤维被撕裂、切断、挤压或受到物理、化学刺激（如低温、麻醉等）时，其生理完整性受到破坏，均可发生传导阻滞。

2. 绝缘性

在一条神经干中包含有数量很多的神经纤维，但各条纤维之间传导的冲动互不干扰，以保证神经调节具有极高的精确性。这是因为局部电流主要在一条纤维上构成回路，而且各纤维之间存在着结缔组织的缘故。

3. 双向传导性

神经纤维上的任何一点受到刺激，所产生的冲动可沿纤维同时向两端传导。有些神经纤维具有许多分支，当其中一个分支受到刺激时，冲动既能沿着神经干直达胞体，又可以在经过主干时转向其他分支，引起后者所支配的效应器发生反应(如轴突反射)。

4. 不衰减性

神经纤维传导冲动时，不论传导的距离多长，动作电位的幅度、传导速度都始终保持相对恒定。这一特性对正常的神经调节功能十分重要，使调节作用能做到及时、迅速和准确。

5. 相对不疲劳性

实验表明，用 50～100 次/s 的感应电流连续刺激蛙的神经 9～12 h，神经纤维仍保持传导冲动的能力。与突触传递相比，神经纤维的兴奋传导表现为不易发生疲劳。这是由于神经纤维在传导冲动时耗能较突触传递少得多。

(二)神经纤维的分类与传导速度

哺乳动物外周神经干内有三类纤维，即 A、B 和 C 三类纤维。

A 类纤维是有髓鞘的躯体传出(运动)与传入(感觉)纤维，直径为 1～22 μm，传导速度为 5～120 m/s。

B 类纤维是有髓鞘的内脏神经节前纤维，直径小于 3 μm，传导速度为 3～15 m/s。

C 类纤维是无髓鞘的传入纤维和无髓鞘交感神经节前纤维，直径 0.3～1.3 μm，传导速度为 0.6～2.3 m/s。

不同种类的神经纤维具有不同的传导速度。一般来说，神经纤维的直径越大，其传导速度越快；有髓纤维比无髓纤维传导速度快(有髓纤维传导兴奋是以跳跃的方式)；传导速度还与温度有关，在一定范围内，温度降低则传导速度减慢(临床上出现低温麻醉方法)。

知识点二　突触与突触传递

神经系统的调节功能是通过许多神经元互相联系、联合活动而实现的。一个神经元发出冲动可以传递给另一个神经元(或很多个神经元)，同样一个神经元也可以接受许多神经元传来的冲动。一个神经元的轴突末梢与其他神经元的胞体或突起相互接触所形成的特殊结构，称为突触。神经元之间的信息传递正是通过突触联系而完成。此外，神经元还可以把兴奋传给相应的组织细胞(如肌细胞或腺细胞)，这种神经元与效应器细胞相接触而形成的特殊结构称为接头，如神经肌肉接头。神经冲动通过突触从一个神经元传递给另一个神经元的过程叫作突触传递。

一、突触的分类

按神经元之间接触的部位，可分为：①轴—树型突触：一个神经元的轴突末梢与下一个神经元的树突发生接触；②轴—体型突触：一个神经元的轴突末梢与下一个神经元的胞体发生接触；③轴—轴型突触：一个神经元的轴突末梢与下一个神经元的轴突末梢发生接触。此外，还有少量的神经元以树—树、树—体、体—体以及同一突触互相传导信息的相互性突触等方式形成突触(图 8-2)。

按突触传递信息的方式,可分为:①化学性突触,依靠突触前神经元末梢释放特殊化学物质作为传递信息的媒介来影响突触后神经元;②电突触,依靠突触前神经元的生物电和离子交换直接传递信息来影响突触后神经元。

按突触的功能,可分为:①兴奋性突触,突触的信息传递使突触后膜去极化,产生兴奋性的突触后电位;②抑制性突触,突触的信息传递使突触后膜超极化,产生抑制性的突触后电位。

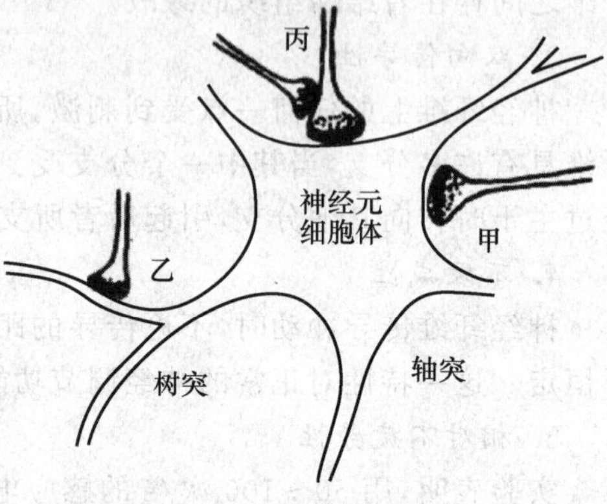

图 8-2　突触的类型

甲:轴—体型突触　乙:轴—树型突触
丙:轴—轴型突触

二、突触的微细结构

一个神经元的轴突末梢分成许多小分支,每个分支的末梢失去髓鞘并膨大成球形,称突触小体。它贴附在下一个神经元的胞体或树突的表面。在贴附处有两层膜隔开:上一个神经元轴突末梢突触小体的膜称为突触前膜;与其相对应的下一个神经元的胞体、树突或轴突的膜称为突触后膜。两膜之间有 20～50 nm 空隙,称为突触间隙。

由此可见,一个突触是由突触前膜、突触后膜和突触间隙三部分构成。在突触小体的轴浆内含有大量聚集的小泡为突触小泡,囊泡内含有神经递质(乙酰胆碱、去甲肾上腺素等)。突触后膜上存在有相应的特异性受体和离子通道(图 8-3)。

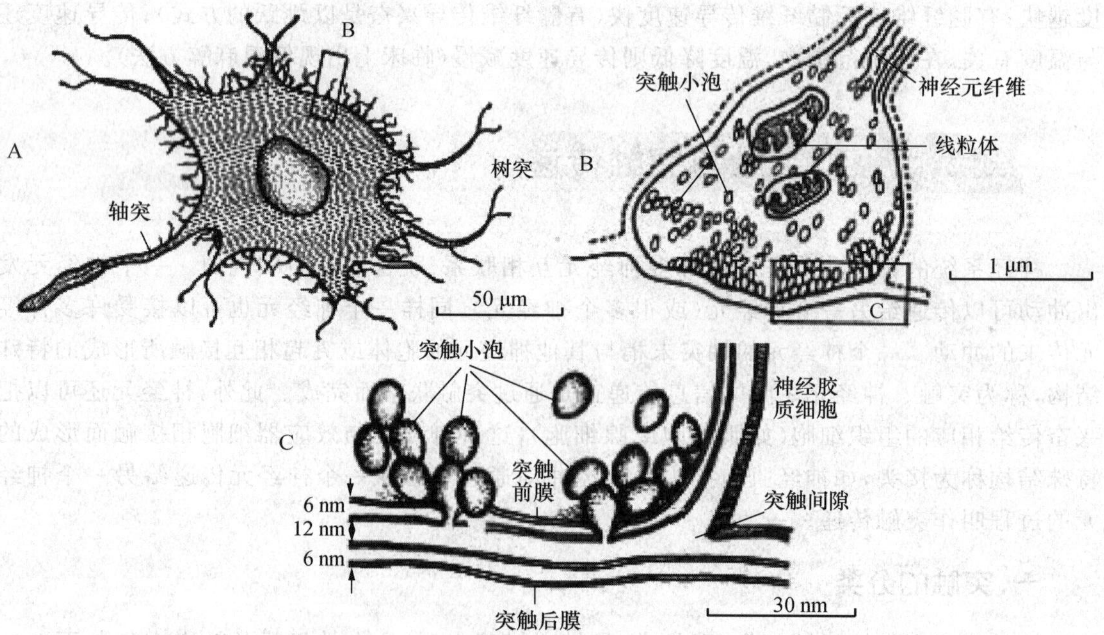

图 8-3　突触及其细微结构

A:显示一个神经元的胞核、轴突和树突　B:表示线粒体、神经元纤维和突触小泡,虚线表示神经胶质细胞膜

C:表示突触前膜、突触后膜和突触间隙,有些突触小泡与突触前膜融合,并开口于突触间隙

(引自范作良主编《家畜生理》)

三、化学性突触传递的机理

（一）兴奋性突触的传递

当神经冲动从突触前神经元传至突触前膜时，引起突触前膜去极化，促使突触小泡经过出胞过程释放某种兴奋性递质，递质通过突触间隙，与突触后膜上的相应受体结合，引起突触后膜离子通道开放，对 Na^+、K^+ 通透性增大，尤其是对 Na^+ 的通透性增大，使 Na^+ 快速内流，导致突触后膜局部去极化即膜电位发生变化，产生兴奋性突触后电位（EPSP）。单个兴奋性突触产生的一次突触后电位一般不足以激发神经元产生动作电位，只有在许多兴奋突触同时产生兴奋性突触后电位，或单个兴奋性突触相继产生一连串兴奋性突触后电位时，突触后膜才把许多兴奋性突触后电位总和起来，达到所需阈电位时，便触发突触后神经元的轴突始端首先爆发动作电位，并沿轴突传导，使整个突触后神经元进入兴奋状态。

（二）抑制性突触的传递

在抑制性突触中，当神经冲动从突触前神经元传至突触前膜时，突触小体内的突触小泡所释放的是抑制性递质，该递质扩散到后膜，并与后膜特异受体结合，使后膜对 Cl^- 通透性升高。Cl^- 进入细胞内，使后膜内负电位增大而出现超极化，形成所谓的抑制性突触后电位（IPSP）。有人认为，该抑制性突触后电位的产生也与 K^+ 通透性和 K^+ 外流增加，以及 Na^+ 和 Ca^{2+} 通道关闭有关。

抑制性突触后电位使突触后神经元的兴奋性降低。总和起来的抑制性突触后电位不仅有抵消兴奋性突触后电位的作用，而且使突触后神经元不易发生兴奋，表现为突触后神经元的活动被抑制。

（三）突触后神经元的兴奋或抑制

在中枢神经系统中，一个神经元常与许多其他神经元构成突触联系，在这些突触中，有的是兴奋性突触，有的是抑制性突触，它们兴奋时分别产生的兴奋性突触后电位或抑制性突触后电位可在突触后神经元的胞体进行整合（即 EPSP 与 EPSP 或 IPSP 与 IPSP 叠加；EPSP 与 IPSP 抵消）。因此，突触后神经元的状态实际上取决于同时产生的 IPSP 与 IPSP 的代数和。如果 EPSP 占优势并达到阈电位水平时，突触后神经元产生兴奋；相反，若 IPSP 占优势，突触后神经元则呈现抑制状态。

四、突触传递的特性

突触传递由于突触本身结构和化学递质参与等因素，它与神经纤维的冲动传导明显不同。突触传递的特征主要表现以下几个方面：

（一）单向传递

突触传递冲动只能从突触前神经元沿轴突传递到下一个神经元的胞体或突起，不能逆向传递。因为只有突触前膜才能释放递质，递质也只能作用于突触后膜的特异性受体。突触传递的这种特性使神经冲动能循着特定的方向和途径传播，从而保证整个神经系统的调节和整合活动能有规律地进行。

（二）总和作用

在突触传递过程中，突触后神经元发生兴奋需要有多个兴奋性突触后电位，才能使膜电位的变化达到阈电位水平，从而爆发动作电位。如果总和未达到阈电位，此时处于局部阈下兴奋状态的神经元，与其处于静息状态下相比，兴奋性有所提高。同样，在抑制性突触后膜也可以发生抑制总和。

(三)突触延搁

突触传递需经历递质的释放、扩散、作用于突触后膜及突触后电位的总和等过程，需要耗费较长时间，称为突触延搁。据测定，冲动通过一个突触需 0.3～0.5 ms。在反射活动中，当兴奋通过中枢的突触数愈多，延搁耗费的时间就愈长。

知识链接

药物对突触传递的影响

许多中枢性药物的作用部位大都是在突触。有些药物能阻断或加强突触传递，如咖啡碱和茶碱可以提高突触后膜对兴奋性递质的敏感性；而士的宁则阻遏某些抑制性递质对突触后膜的作用，可导致神经元过度兴奋。各种受体激动剂或阻断剂可直接作用于突触后膜受体而发挥生理效应。

(四)对内环境变化的敏感性和易疲劳

神经元间的突触最易受内环境变化的影响。缺氧、酸碱度升降、离子浓度变化等均可改变突触传递能力。因为突触间隙与细胞外液相沟通，细胞外液中许多物质到达突触间隙而影响突触传递。此外，突触部位是反射弧中最易发生疲劳的环节。

五、神经递质及受体

(一)神经递质

神经递质是指突触前神经元合成并在末梢释放，经突触间隙扩散，特异性地作用突触后神经元或效应器上的受体，导致信息从突触前传递到突触后的一些化学物质。中枢神经系统内具有生理活性的化学物质很多，只有具备下列条件者才可以被认为是神经递质。这些条件是：①在突触前神经元内存在合成递质的前体物和合成酶类；②递质储存于突触小泡内，当神经冲动到达神经末梢时，递质释放进入突触间隙；③递质经突触间隙作用突触后膜的特殊受体，发挥其生理效应；④存在使递质失活的酶或摄取回收的过程；⑤用递质拟似物或受体阻断剂能增强或阻断递质的突触传递作用（表 8-1）。

表 8-1　部分神经递质和它们的作用部位

物质	作用部位	作用形式	备注
乙酰胆碱（ACH）	骨骼肌和神经肌肉接点	兴奋	确定
	植物性神经系统		
	交感节前	兴奋	确定
	副交感节前	兴奋或抑制	确定
	副交感节后	兴奋	确定
	中枢神经系统	多样的	确定
	多种无脊椎动物		确定

续表 8-1

物质	作用部位	作用形式	备注
去甲肾上腺素(NE)	中枢神经系统	兴奋或抑制	
	绝大部分交感节后		确定
谷氨酸(GLU)	中枢神经系统	兴奋	可能
	甲壳动物,中枢与外周神经系统	兴奋	确定
天冬氨酸	中枢神经系统	兴奋	可能
广氨基丁酸(GABA)	中枢神经系统	抑制	确定
	甲壳动物,中枢与外周神经系统	抑制	确定
5-羟色胺(5-HT)	脊椎动物和无脊椎动物的中枢神经系统		确定
多巴胺(DA)	中枢神经系统		确定

(二)受体

受体是指细胞膜或细胞内能与某些化学物质(如递质、激素等)发生特异性结合并诱发生物学效应的特殊生物分子。其能与受体发生特异性结合的化学物质称配体。其中能产生生物效应的物质称为激动剂;只发生特异性结合,但不产生生物效应的化学物质则称为颉颃剂。一般认为受体与配体的结合具有以下三个特性:①特异性:特定的受体只能与特定的配体结合,激动剂与受体结合后能产生特定的生物学效应,特异性结合并非绝对,而是相对的;②饱和性:分布于细胞膜上的受体数量是有限的,因此它能结合配体的数量也是有限的;③可逆性:配体与受体的结合是可逆的,可以结合也可以解离。

(三)主要的递质和受体系统

1. 乙酰胆碱(ACH)及其受体

在外周神经系统中,释放乙酰胆碱作为递质的神经纤维称为胆碱能神经纤维。所有植物神经节前纤维、大多数副交感神经的节后纤维、少数交感神经的节后纤维(引起汗腺分泌和骨骼肌血管舒张的舒血管纤维),以及支配骨骼肌的神经纤维都属于胆碱能纤维。在中枢神经系统中,以乙酰胆碱作为递质的神经元,称为胆碱能神经元,胆碱能神经元在中枢的分布极为广泛。

凡是能与乙酰胆碱结合的受体,都叫胆碱能受体。胆碱能受体可分为两种:

(1)毒蕈碱受体(M 受体)　分布在胆碱能节后纤维所支配的心脏、肠道、汗腺等效应器细胞和某些中枢神经元上。当乙酰胆碱作用于这些受体时,可产生一系列植物神经节后胆碱能纤维兴奋的效应,它包括心脏活动的抑制,支气管平滑肌的收缩,胃肠平滑肌的收缩,膀胱逼尿肌的收缩,虹膜环形肌的收缩;消化腺分泌的增加以及汗腺分泌的增加和骨骼肌血管的舒张等,这些作用称为毒蕈碱样作用(M 样作用)。

(2)烟碱受体(N 受体)　这些受体存在中枢神经系统内和所有植物性神经节神经元的突触后膜和神经—肌接头的终板膜上。小剂量的乙酰胆碱能兴奋植物性神经节神经元,也能引起骨骼肌收缩,这些作用称为烟碱样作用(N 样作用)。

2. 儿茶酚胺及其受体

儿茶酚胺类递质包括肾上腺素、去甲肾上腺素(NE)和多巴胺。在外周围神经系统,大多数交感神经节后纤维释放的递质是去甲肾上腺素。凡是神经末梢释放的神经递质是去甲肾上腺素的神经纤维都叫肾上腺能纤维。最近研究表明，在植物性神经系统中，还有少量的神经末梢释放多巴胺的多巴胺纤维。在中枢神经系统中，以肾上腺素为递质的神经元称为肾上腺素能神经元，其胞体主要分布在延髓。以去甲肾上腺素为递质的神经元称为去甲肾上腺素能神经元。绝大多数去甲肾上腺素能神经元位于脑干。

凡是能与去甲肾上腺素或肾上腺素结合的受体均称为肾上腺素能受体，可分为α型与β型两种。α受体又再分为α_1和α_2受体两个亚型，β受体也再分为β_1、β_2和β_3受体三个亚型。肾上腺素能受体的分布极为广泛，在外周围神经系统、多数交感神经节后纤维末梢支配的效应细胞膜上都有肾上腺素能受体，但受体的种类不同，有的效应器上仅有α受体，有的仅有β受体，也有的兼有两种受体(表8-2)。肾上腺素能受体不仅对交感末梢的递质起反应，对肾上腺髓质分泌进入血液的肾上腺素和去甲肾上腺素，以及进入体内的儿茶酚胺药物也能起反应。

表 8-2　肾上腺素能受体的分布及效应

效应器	受体	效应
瞳孔散大肌	α	收缩
睫状肌	β	舒张
心脏	β	心率加快、传导加速、收缩加强
冠状动脉	α，β	收缩、舒张(在体内主要为舒张)
骨骼肌血管	α，β	收缩、舒张(舒张为主)
皮肤血管	α	收缩
脑血管	α	收缩
肺血管	α	收缩
腹腔内脏血管	α，β	收缩、舒张(除肝血管外收缩为主)
支气管平滑肌	β	舒张
胃平滑肌	β	舒张
小肠平滑肌	α，β	舒张
胃肠括约肌	α	收缩

知识点三　反射

一、反射与反射弧

(1)反射　反射是神经调节的基本活动形式，是指在中枢神经系统参与下，有机体对内、外环境刺激的应答性反应。即所有机体功能活动的神经调节都是通过反射实现的。

(2)反射弧　实现反射活动的结构称为反射弧，它包括感受器、传入神经、反射中枢、传出神经和效应器5个部分(图8-4)。感受器一般是神经组织末梢的特殊结构，是一种换能装置，可将所感受的各种刺激的信息转变为神经冲动。感受器的种类多、分布广，有严格的选择性，只能接受特定的某种适宜刺激。反射中枢是中枢神经系统中调节某一特定生理功能的神经细胞群。简单的反射活动，其神经中枢的部位较局限，如膝跳反射中枢在腰部脊髓；

而较复杂的反射活动，如呼吸活动，它的反射中枢则分散存在于延髓、脑桥、下丘脑直至大脑皮质等部位。效应器是实现反射的“执行机构”，如骨骼肌、平滑肌、心肌和腺体等。反射弧中任何一个环节被破坏，反射活动即不能完成。

反射的基本过程：特定刺激为特定感受器接受→感受器兴奋→（以神经冲动形式通过）传入神经→反射中枢（分析、综合）→传出神经→效应器（产生相应活动）。

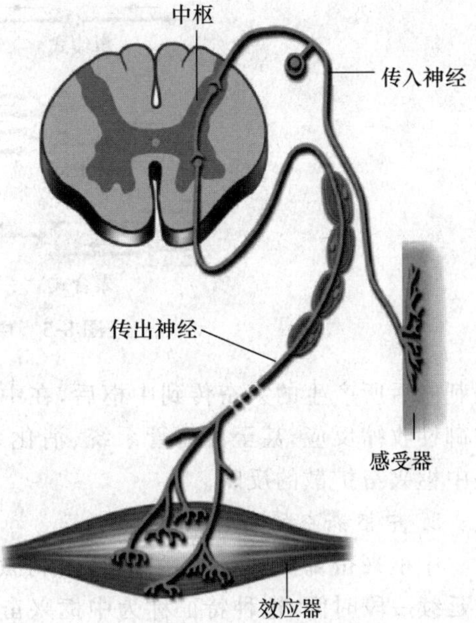

图 8-4　反射弧

二、中枢兴奋过程的特征

在每一个反射活动中，中枢神经系统内的兴奋过程都必须以神经冲动的形式，从一个神经元通过突触传递给另一个神经元。因此，兴奋过程通过突触时的传递特征，就在很大程度上成为反射活动的基本特征。

1. 中枢兴奋的单向传导

在中枢神经系统中，兴奋只能沿着一定的方向进行单向传导。即由传入神经元传向反射中枢，再由中枢通过传出神经传向效应器。

2. 中枢神经兴奋传导的延搁

完成任何反射都需要一定的时间。从刺激作用于感受器起，到效应器开始出现反应为止所需的时间，叫作反射时。这是兴奋通过反射的各个环节所需的总时间。兴奋在中枢内通过突触所发生的传导速度明显减慢的现象，叫作兴奋传导的中枢延搁。

3. 中枢兴奋的总和

在反射过程中，单条神经纤维的传入冲动到达中枢一般不能引起反射活动，但若干条纤维同时把冲动传至同一中枢或一条纤维连续传入若干个冲动，就能引起反射动作，这种现象叫总和。反射总和实际上就是突触总和。

4. 中枢兴奋的扩散和集中

从机体不同部位传入中枢的神经冲动，常常在最后集中传递到中枢的比较局限的部位，这种现象称为中枢兴奋的集中。这是由于同一种神经元的胞体和树突可以接受来自许多神经元的突触联系，称为聚合原则。这种联系有可能使许多神经元的作用都引起同一个神经元的兴奋而发生总和，也可能使许多来源于不同神经元的兴奋和抑制在同一个神经元上发生整合。

从机体某一部位传入中枢的神经冲动，常常并不局限于只在中枢的某一局部发生兴奋，而是使兴奋在中枢内由近及远的广泛传播，这种现象称为中枢兴奋的扩散。这是由于一个神经元的轴突可以通过分支与其他许多神经元建立突触联系，称为辐散原则。这种联系有可能使一个神经元的兴奋引起许多神经元的同时兴奋或抑制（图 8-5）。

例如，食物对视觉、听觉、味觉、口腔触觉等各感受器所引起的刺激传进中枢后，集中传递到延髓的唾液分泌中枢，引起唾液分泌反应，这是中枢兴奋集中的表现。局部皮肤受到强

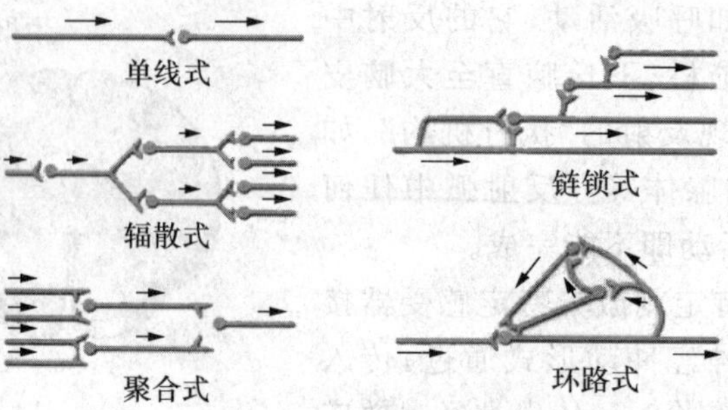

图 8-5　中枢神经元的联系方式

烈刺激后所产生的兴奋传到中枢后，在中枢内广泛传播到各处，引起机体的许多骨骼肌发生防御性收缩反应，甚至心血管系统、消化系统、呼吸系统、排泄系统等的活动都发生改变，这是中枢兴奋扩散的反映。

5. 中枢兴奋的后作用

中枢兴奋都由刺激引起，但是当刺激的作用停止后，中枢兴奋并不立即消失，反射常常会延续一段时间，这种特征称为中枢兴奋的后作用。产生后作用的原因是多方面的，神经元之间的环式联系是其主要原因之一。

知识点四　神经系统的感觉分析功能

感觉是神经系统反映机体内、外环境变化的一种特殊功能。各种内外环境变化作用于感受器，产生神经冲动，这些神经冲动经一定的传导通路进入中枢神经系统，再经多次转换神经元，最后抵达大脑皮层的特定部位，产生相应的感觉。

一、感受器

感受器由特殊化的传入神经末梢和它的附属装置构成。简单的感受器只是一种游离的传入神经末梢（如痛觉感受器）；较复杂的感受器有结缔组织、特殊的感觉上皮或各种各样的附属装置。感受器的功能是接受体内、外环境中的某些特殊刺激（适宜刺激），并把这些刺激的能量转换为一连串具有信息意义的神经冲动。因此，感受器具有能量转化的作用。

根据感受器的分布位置和接受的刺激来源，常分为外感受器和内感受器两大类：前者分布于皮肤和体表，接受来自外界环境的刺激；后者分布于内脏和躯体深部，接受来源于机体内部的刺激。根据感受器所能感受的适宜刺激种类，常分为机械感受器、温度感受器、化学感受器、光感受器等。

二、脊髓的感觉传导功能

来自各感受器的神经冲动，除通过脑神经传入中枢外，大部分经脊神经背根进入脊髓，然后分别经各自的上行传导路径传至丘脑，再经换元抵达大脑皮层。

由脊髓前传到大脑皮层的感觉传导路径分为两大类。

（1）浅感觉传导路径　传导痛觉、温觉和轻触觉，其传入纤维在脊髓背角更换神经元后，在中央管下交叉到对侧，分别由脊髓丘脑侧束（痛、温觉）和脊髓丘脑腹束（轻触觉）前行抵达丘脑。

（2）深感觉传导路径　传导肌肉本体感受器和深部压觉，其传入纤维进入脊髓沿同侧背束前行，抵达延髓的薄束核和楔束核后更换神经元，再发出纤维交叉到对侧，经内侧丘系至丘脑。

可见，脊髓在传导感觉冲动的过程中，都有一次交叉。浅感觉传导路径是先交叉再前行，深感觉传导路径是先前行再交叉。因此脊髓半断离后，浅感觉的障碍发生在断离的对侧，而深感觉（包括辨别觉）的障碍则在断离的同侧。

三、丘脑及其感觉投射系统

丘脑是一个在大脑由大量神经元组成的核团集群。各种感觉通路（嗅觉除外）都要汇集在此处更换神经元，然后向大脑皮层投射。因此它是重要的感觉总转换站，同时也能进行感觉的粗糙分析与综合。丘脑与下丘脑、纹状体之间有纤维彼此联系，三者成为许多复杂的非条件反射的皮层下中枢。

（一）丘脑核团的分类

根据神经联系，丘脑的核团大致可以分成三类。

（1）第一类（感觉接替核）　接受感觉的投射纤维，换元后投射到大脑皮层的感觉区。

（2）第二类（联络核）　接受第一类核团和皮层下中枢来的纤维（但不直接接受感觉的投射纤维），换元后投射到大脑皮层的特定区域。

（3）第三类（主要是髓板内核群）　这类核群没有直接投射到大脑皮层上的纤维，但可间接地通过丘脑网状核、纹状体等多突触接替，弥散地投射到整个大脑皮层，对维持大脑皮层的兴奋状态有重要作用。

（二）感觉投射系统

根据丘脑各核团向大脑皮层投射特征的不同，丘脑的感觉投射系统可分为两类，即特异性投射系统和非特异性投射系统。

1. 特异性投射系统

丘脑的感觉接替核接受躯体各种特异性感觉传导通路（如视、听觉，皮肤、深部躯体痛觉）来的冲动，再通过纤维投射到大脑皮层的特定区域，产生特定感觉，称为特异性投射系统。丘脑的联络核也属于此系统。

特异性投射系统的功能是传递精确的信息到大脑皮层引起特定的感觉，并激发大脑皮层发出传出神经冲动。

2. 非特异性投射系统

各种特异感觉传导纤维前行通过脑干时，发出侧支与脑干网状结构的神经元发生突触联系。在网状结构内多次换元前行，到达丘脑的第三类核团，最后弥散地投射到大脑皮层的广泛区域，这一感觉投射路径称为非特异性投射系统，是各种不同感觉的共同上传途径。

该系统主要有两种作用：一是激动大脑皮层的兴奋活动，使机体处于醒觉状态；二是调节皮层各感觉区的兴奋性，使各种特异性感觉的敏感度提高或降低。因此，也是大脑皮层产生特定感觉所不可缺少的（图 8-6）。

四、大脑皮层的感觉分析功能

各种感觉传入冲动最终都到达大脑皮层，通过对信息的精细分析和综合而产生感觉，并发生相应的反应。因此，大脑是感觉的最高级中枢。

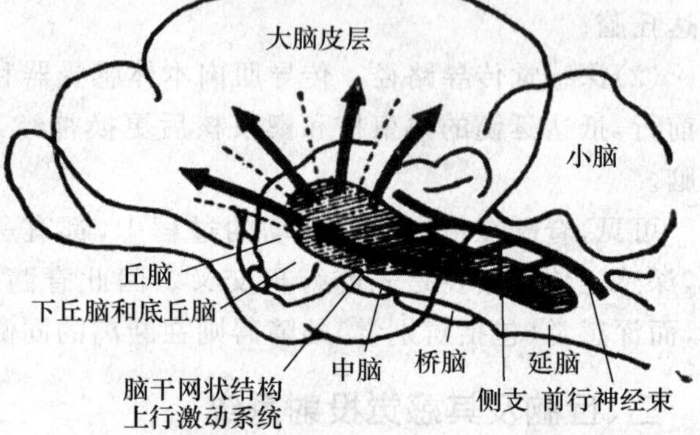

图 8-6 网状结构上行激动系统示意图

（猫脑矢状切面）

大脑皮层的不同区域在感觉功能上具有不同的分工，即不同感觉在大脑皮层内有不同的代表区：①躯体感觉区位于大脑皮层的顶叶，产生触觉、压觉、温觉和痛觉以及本体感觉；②视觉感觉区在枕叶距状裂的两侧；③听觉感觉区在颞叶外侧；④嗅觉感觉区在边缘叶的前梨状区和大脑基底的杏仁核；⑤味觉感觉区在颞叶外侧裂附近；⑥内脏感觉区在边缘叶的内侧面和皮层下的杏仁核等部。大脑皮层的这些感觉区的功能性差别只是相对的，并不是绝对的。它只能表明在一定区域内对一定功能有比较密切的联系，并不意味着各感觉区之间互相孤立和各不相关。事实上，它们之间在功能上经常密切联系、协同活动，产生各种复杂的感觉。

知识点五　神经系统对躯体运动的调节

躯体运动是动物对外界进行反应的主要活动。任何躯体运动，都是以骨骼肌收缩活动为基础来进行姿势和位置的改变，并且必须在神经系统各个部位的调节下才能完成。

一、脊髓对躯体运动的调节

脊髓是躯干与四肢骨骼肌反射的低级中枢所在部位，通过脊髓可以完成一些较简单的反射活动如屈肌反射和牵张反射。

(一)屈肌反射

当动物一个肢体受到刺激时，受刺激的肢体屈肌收缩，伸肌舒张，该肢体屈曲，这种现象称为屈肌反射。屈肌反射在于保护肢体，躲避伤害；对侧伸肌反射在于维护机体重心，不致跌倒。这两种反射都属于机体的防御性反射。

(二)牵张反射与肌紧张

当骨骼肌受到外力牵拉伸长时，肌肉内的感受器(肌梭)受到刺激，产生冲动传入脊髓后，就引起被牵拉的骨骼肌收缩，这种反射称为牵张反射。它的特点是感受器和效应器都存在于同一条肌肉中，伸肌表现最明显。它是实现骨骼肌运动的最基本的反射(图 8-7)。

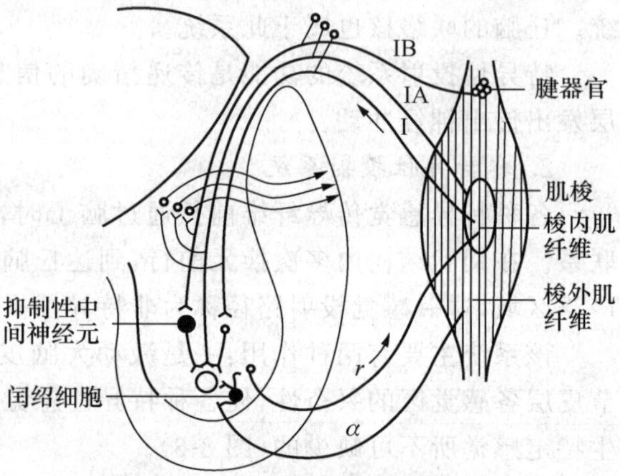

图 8-7 肌牵张反射示意图

动物站立时，由于重力作用，有使头下坠、躯干和关节弯曲的趋势。于是颈部、躯干和肢体的伸肌腱被牵拉，发生轻度而持久的肌肉收缩，抵抗重力作用，保持抬头，挺腰、直腿的站立姿势。这种由重力作用或持续性牵拉所引起的肌肉收缩，叫作肌紧张。肌紧张是牵张反射的一种，并不表现明显的收缩动作，这可能是只有少数肌纤维交替进行微弱收缩的结果。所以肌紧张能持久维持而不易疲劳。

二、脑干对肌紧张的调节

脑干包括延髓、脑桥和中脑。脑干除了有神经核以及与它相联系的前行和后行的神经传导束外，还有纵贯脑干中心的网状结构。脑干网状结构是中枢神经系统中最重要的皮层下整合调节机构。

脑干网状结构是指从延髓、脑桥、中脑内侧全长直到间脑这一脑干中央部分的广大区域，有许多散在的神经元以短突起相互形成突触联系，交织成网状的部位。实验证明，脑干网状结构中具有抑制肌紧张和运动的区域，叫抑制区。还有加强肌紧张和运动的区域，叫易化区。

正常情况下，这两个作用相反的区域保持动态平衡，维持适宜的肌紧张，以保证正常的躯体运动，如果两者的作用平衡失调，就将引起肌紧张亢进或减弱。

图 8-8　兔的去大脑僵直

在中脑上、下丘之间横断脑干的大脑动物，会立即出现全身肌紧张，特别表现是伸肌肌紧张亢进，表现为四肢伸直、头尾昂起、脊柱挺直的角弓反张现象，称为去大脑僵直(图 8-8)。

三、基底神经节和小脑对躯体运动的调节

基底神经节主要由纹状体、丘脑底核和黑质组成，基底神经节与丘脑、丘脑底、中脑黑质、红核等有密切的功能联系。它的主要生理作用是调节肌紧张，稳定或协调躯体的随意运动。基底神经节病变的临床表现有两类症状：一类是运动过少、肌紧张亢进、肌体僵直和震颤等；另一类是表现为运动过多，如舞蹈症、肢体徐动症等。

小脑是躯体运动调节的重要中枢。它与脊髓、脑的其他部位通过 3 条途径发挥对躯体运动的调节作用。一是通过它与前庭系统的联系，维持身体平衡；二是通过与中脑红核等部位的联系，调节全身的肌紧张；三是通过与丘脑和大脑皮层的联系，控制躯体的随意运动。

破坏动物的小脑后，导致肌肉软弱无力，肌紧张降低，平衡失调，站立不稳，四肢分开，步态蹒跚，体躯摇摆，容易跌倒。全部切除禽类小脑后，不能行走或飞翔；切除一侧小脑后，则同侧腿部僵直。

四、大脑皮层对躯体运动的调节

大脑皮层是中枢神经系统控制和调节躯体运动的最高级中枢，它是通过锥体系统和锥体外系统下传来实现的。实验表明：皮层运动区支配对侧躯体的骨骼肌，呈左右交叉支配关

系，即左侧运动区支配右侧躯体的骨骼肌，右侧运动区支配左侧躯体的骨骼肌。

(一)锥体系统

皮层运动区内存在着许多大锥体细胞，这些细胞发出粗大的下行纤维组成锥体系统。

其纤维一部分经脑干交叉到对侧，与脊髓的运动神经元相连，具有调节骨骼肌的精细动作和随意动作的功能。

(二)锥体外系统

除了大脑皮层运动区外，其他皮层运动区也能引起对侧或同侧躯体某部分的肌肉收缩。这些部分和皮质下神经结构发出的下行纤维，大部分组成锥体外系统。该系统调节肌肉群活动，主要是调节肌紧张，使躯体各部分协调一致。如家畜前进时，四肢运动能协调配合。正常生理状态下，皮质发出的冲动通过两个系统分别下传，使躯体运动既协调又准确。动物的锥体系统不如锥体外系统发达。当锥体外系统受损伤后，机体虽能产生运动，但动作不协调不准确。

知识点六　神经系统对内脏活动的调节

一、植物性神经系统的概念和功能

调节内脏活动的神经称为植物性神经。植物性神经系统应包括传入神经和传出神经，但习惯上仅指支配内脏器官和血管的传出神经。根据其从中枢神经的发出部位和功能特征，分为交感神经和副交感神经(表 8-3)。植物性神经的功能在于调节心平滑肌和腺体(消化腺、汗腺和部分内分泌腺)的活动。

表 8-3　交感神经和副交感神经的主要功能

器官	交感神经	副交感神经
心血管	心搏动加快、加强，腹腔脏器、皮肤、唾液腺与生殖器官等血管收缩，肌肉血管收缩或舒张(胆碱能)	心搏动减慢，收缩减弱，分布于软脑膜与外生殖器的血管舒张
呼吸	支气管平滑肌舒张	气管平滑肌收缩，黏液腺分泌
消化	分泌黏稠的唾液，抑制胃肠运动，促进括约肌收缩，抑制胆囊活动	分泌稀薄的唾液，促进胃液、胰液分泌，促进胃肠运动，括约肌舒张，胆囊收缩
泌尿	逼尿肌舒张，括约肌收缩	逼尿肌收缩，括约肌舒张
眼	瞳孔放大，睫状肌松弛，上眼睑平滑肌收缩	瞳孔缩小，睫状肌收缩，泪腺分泌
皮肤	竖毛肌收缩，汗腺分泌	
代谢	促进糖的分解，促进肾上腺髓质的分泌	促进胰岛素的分泌

二、植物性神经对效应器的支配特点

(一)对同一效应器的双重支配

少数器官只接受一种神经支配。食道只有副交感神经支配，汗腺、竖毛肌以及皮肤和骨

骼肌的血管只有交感神经支配，而肾上腺髓质则只有交感神经节前纤维的支配。大多数器官都接受交感和副交感神经的双重支配。在一个有双重神经支配的器官上，交感神经和副交感神经的作用往往是颉颃的，一种神经引起兴奋则另一种神经引起抑制。例如副交感神经冲动使心搏减慢，交感神经兴奋使心搏加速。在肠道中，这两种神经支配的作用正好相反，副交感神经冲动使蠕动加快，交感神经冲动使蠕动减弱。这种作用使神经系统能够从正、反两方面调节内脏的活动，从而使内脏的工作状态能适合机体当时的需要。对少数器官，交感神经和副交感神经的作用是一致的，例如唾液腺，交感神经使之分泌黏稠的唾液，而副交感神经则使之分泌稀薄的唾液。

(二)紧张性支配

植物性神经元经常发放冲动传送到效应器。这也是一种紧张性发放。内脏器官的机能状态往往决定于这两套紧张性发放的平衡。例如，切断心迷走神经，心率即加快；切断心交感神经，心率则减慢，说明两种神经对心脏的支配都具有紧张性活动。

(三)效应器所处功能状态的影响

植物性神经的外周性作用与效应器本身的功能状态有关。例如胃幽门，如果原来处于收缩状态，刺激迷走神经能使之舒张；如果原来处于舒张状态，则刺激迷走神经能使之收缩。

(四)对整体生理功能调节的意义

在环境急骤变化的条件下，交感神经系统可以动员机体许多器官的潜在功能以适应环境的急变。例如，在剧烈肌肉运动、缺氧、失血或寒冷环境等情况下，机体出现心率加速，皮肤与腹腔内脏血管收缩，血液贮存库排出血液以增加循环血量，红细胞计数增加、支气管扩张、肝糖原分解加速以及血糖浓度上升、肾上腺素分泌增加等生理功能的变化。

副交感神经系统的活动主要在于保护机体、休整恢复、促进消化、积蓄能量以及加强排泄和生殖功能等方面。例如，在相对静止状态下，副交感神经的活动相对增加，此时心脏活动抑制，瞳孔缩小，消化功能增加以促进营养物质吸收和能量补充等。

三、植物性功能的中枢性调节

(一)脊髓对内脏活动的调节

交感神经和部分副交感神经发源于脊髓灰质外侧角，因此脊髓可以成为植物性反射的初级中枢。它整合着简单的植物性反射，主要是局部的节段性反射活动。常见的反射中枢有：排粪反射、排尿反射、勃起反射、血管运动反射、出汗与竖毛反射等。

(二)低位脑干对内脏活动的调节

由延髓发出的植物性神经传出纤维支配头面部的所有腺体、心、支气管、喉、食管、胃、胰腺、肝和小肠等。同时，脑干网状结构中存在许多与内脏活动功能有关的生命活动中枢，如呼吸中枢、心血管运动中枢、咳嗽中枢、呕吐中枢、吞咽中枢、唾液分泌中枢等。这些中枢完成比较复杂的植物性反射活动。

(三)下丘脑对内脏活动的调节

下丘脑是较高级的调节内脏活动的中枢。它能把内脏活动和其他生理活动联系起来，调节体温、水平衡、内分泌、营养摄取、情绪反应等生理过程。

(四)大脑皮层对内脏活动调节的边缘系统

1. 新皮层

电刺激动物的新皮层，除引起躯体运动外，也可使内脏发生反应。例如可引起直肠和膀胱运动变化；呼吸和心血管活动变化；消化道运动和唾液分泌的变化等。这些都说明新皮层对内脏活动均有调节作用。

2. 边缘系统

大脑半球内侧面皮层与脑干连接部和胼胝体旁的环周结构称边缘叶，边缘叶和与它相关的某些皮层下神经核合称为大脑边缘系统。该系统是调节内脏活动的十分重要的高级中枢，能调节许多低级中枢的活动，其调节作用复杂而多变。

知识点七　条件反射

反射活动是中枢神经系统的基本活动形式。反射活动又分为条件反射和非条件反射。

一、非条件反射与条件反射的区别

(一)非条件反射

非条件反射是通过遗传获得的先天性反射活动，它能保证机体各种基本生命活动的正常进行。它是神经系统反射活动的低级形式，是动物在种族进化中固定下来的。而且也是外界刺激与机体反应间的联系，它有固定的神经反射路径，不受客观条件影响而改变。其反射中枢多数在皮层下部位，切除大脑皮层，这种反射还存在。

能引起非条件反射的刺激称为非条件刺激。如食物接触动物口腔，就会引起唾液分泌。食物是非条件刺激，唾液分泌是非条件反射。非条件反射的数量有限，如食物反射、防御反射以及各种内脏反射，这些反射只能保证动物的基本生存和简单的适应。

(二)条件反射

条件反射是通过后天接触环境、训练等而建立起来的反射。它是反射活动的高级形式，是动物在个体生活过程中获得的外界刺激与机体反应间的暂时联系。它没有固定的反射路径，易受客观环境影响而改变。其反射中枢在大脑皮层，切除大脑皮层，此反射消失。

凡能引起条件反射的刺激称条件刺激。条件刺激在条件反射形成之前，对这个反射还是一个无关的刺激，只有与某种反射的非条件刺激相伴或提前出现并多次重复后能引起某种反射，才能成为条件刺激。即单独作用时，就能引起与非条件刺激相同的反射活动。

二、条件反射的形成

条件反射是个复杂的过程。猪采食时，食物入口引起唾液分泌，这是非条件反射。如食物入口之前，给予铃声刺激。最初铃声和食物没有联系，只是作为一个无关的刺激而出现，铃声并不引起唾液分泌。但如果铃声与食物总是同时出现，经过多次结合后，只给铃声刺激也可引起唾液分泌，便形成了条件反射。这时的铃声就不再是与吃食物无关的刺激了，而成为食物到来的信号。所以，把已形成条件反射的条件刺激又称为信号。

可见，形成条件反射的基本条件就是条件刺激与非条件刺激在时间上的结合，这一结合过程称为强化。任何条件刺激与非条件刺激结合应用，都可以形成条件反射。但条件刺激出现于非条件刺激之前或同时，条件反射就易形成，反之就难以形成。

三、影响条件反射形成的因素

条件反射必须是在非条件反射的基础上建立的，并且条件反射的形成受许多条件的限制，归纳起来主要有两个方面：①条件刺激必须与非条件刺激多次反复紧密结合，条件刺激必须在非条件刺激之前或同时出现，刺激强度要适宜，已建立起来的条件反射要经常用非条件刺激来强化和巩固，否则条件反射会逐渐消失；②要求动物必须健康、清醒，昏睡或病态的动物是不易形成条件反射的。此外，还应避免周围环境其他刺激对动物的干扰。

四、条件反射的生物学意义

动物在后天生活过程中建立了大量的条件反射，可大大扩充机体的反射活动范围，增强动物活动的预见性和灵活性，从而更加提高机体对环境变化的适应能力。

条件反射数量无限并具有可塑性，既可强化，又可消退。人类可以利用这种可塑性，使动物按人们的意志建立大量条件反射，便于科学饲养管理和合理使用，以提高动物的生产性能。

知识点八　禽类的神经生理特点

禽类的神经系统与哺乳动物基本相同，但有如下一些特点：

(1)禽类的外周神经系统中粗大的神经纤维相对要少，传导速度比较慢。脊髓的上传径路较不发达，只有少数脊髓束纤维到达延髓，所以外周感觉较差。

(2)禽类的延髓发育较好，除具有调节呼吸、血管运动、心脏活动等生命中枢外，延髓的前庭核与迷路联系，维持和恢复正常姿势，并调节头、翼、腿、尾在空间方位的平衡。

(3)禽类的小脑相当发达，控制身体各部分的肌紧张。中脑的视叶较其他动物发达，破坏视叶，禽类失明。

(4)禽类的纹状体非常发达，而皮质相对较薄。切除皮质后，禽类仍然存在感觉和运动反应，但不能主动啄食，对外界环境的变化无反应；在繁殖季节并不失去求偶和准备产蛋的特殊活动。

对禽类可建立条件反射，也有神经活动类型的特征。

复习思考

1. 神经纤维的兴奋传导有何特点？
2. 兴奋性突触传递与抑制性突触传递有何不同？
3. 中枢兴奋过程有何特点？
4. 特异性投射系统与非特异投射系统有何不同？
5. 交感神经与副交感神经的功能有何不同？其生理意义是什么？

Project 9

认知内分泌生理

学习目标

了解内分泌和激素的概念；
理解激素的作用特点及其机制；
掌握各种激素的生理功能；
能够通过实验观察到胰岛素和肾上腺素对动物血糖浓度的影响。

机体的腺体按其不同组织结构可分为两大类：凡分泌物从腺体经导管流至皮肤表面或某些体腔中的这类腺体，称为有管腺或外分泌腺，如汗腺和各种消化腺等；凡没有导管的腺体，其分泌物由腺细胞经出胞作用直接透入血液(组织液)或淋巴，从而传递至局部或全身的这种腺体，称为无管腺或内分泌腺。内分泌系统是由内分泌腺和分散存在于某些组织器官中的内分泌细胞组成的一个体内信息传递系统。

内分泌系统具有重要的生理作用，它参与机体内各种生理功能的调节，包括调节新陈代谢；促进组织细胞分化成熟，保证各器官的正常生长发育和功能活动；调节生殖器官发育、成熟和生殖。此外，内分泌系统还与神经系统、免疫系统相互联系、相互协调，构成神经—免疫调节网络，共同完成机体功能活动的高级整合，以维持内环境的相对稳定。

知识点一　激素

一、激素及其传递方式

(一)激素的概念

激素指由内分泌腺或内分泌细胞所分泌的传递调节信息的生物活性物质。这类物质经由组织液或血液进行传递，诱导靶器官或靶细胞产生特殊的生理效应。

(二)激素作用的一般特性

在机体的生命活动过程中，激素起着“信使”的作用，在细胞和细胞之间传递信息。它作用于靶细胞时，并不涉及成分的添加和能量的提供。激素在对靶组织发挥调节作用的过程中，具有如下特点：

1. 激素的信息传递作用

激素在细胞与细胞之间进行信息传递。不论是哪种激素，它只能对靶组织的生理生化过程起加强或减弱的作用，调节其功能活动。激素既不能添加成分，也不能提供能量，仅仅起着“信使”的作用，将生物信息传递给靶组织，发挥增强或减弱靶细胞原有生理生化过程的作用。

2. 激素作用的相对特异性

激素只选择地作用于某些器官、组织和细胞，这称为激素作用的特异性。被激素选择作用的器官、组织和细胞，分别称为靶器官、靶组织和靶细胞。肽类和蛋白质类激素的受体位于细胞膜上，而类固醇激素的受体位于胞浆或细胞核内。

3. 激素的高效能生物放大作用

激素在血液中浓度都很低，一般在纳摩尔(nmol/L)数量级，虽然激素的含量甚微，但其作用显著，激素与受体结合后，在细胞内发生一系列酶促放大作用，一个接一个逐级放大效果，形成一个效能极高的生物放大系统。

4. 激素间的相互作用

当多种激素共同参与某一生理活动的调节时，激素与激素之间往往存在着协同作用或颉颃作用。例如，生长素、肾上腺素、糖皮质激素及胰高血糖素，虽然作用的环节不同，但均能提高血糖，在升糖效应上有协同作用；相反，胰岛素则能降低血糖，与上述激素的升糖效应有颉颃作用。有的激素本身并不能直接对某些器官、组织或细胞产生生理效应，然而在它存在的条件下，可使另一种激素的作用明显增加，即对另一种激素的调节起支持作用，这种现象称为允许作用。如糖皮质激素的允许作用是最明显的，它对心肌和血管平滑肌并无收缩作用，但必须有其存在，儿茶酚胺才能很好地发挥对心血管的调节作用。

5. 激素作用的时效

激素本身存在产生—释放—作用—灭活—排出等变化过程。激素在血液中的浓度常呈一定规律的变化（昼夜周期、季节周期等），并受到其他激素或因素的调节。激素作用的时效（持续时间）不仅受灭活排出速度的影响，还取决于它的分泌方式（连续/断续）等。可以用半衰期表示激素的时效，血浆中激素原有活性下降到一半所需的时间，称为激素的半衰期，其倒数也可以反映激素在血液中更新的速度。

（三）激素的传递方式

激素传递信息的方式包括：

（1）内分泌　大多数激素经血液运输至远距离的靶组织而发挥作用，这种方式称为内分泌，也称为远距分泌，如腺垂体激素等。

（2）旁分泌　某些激素可不经血液运输，仅由组织液直接扩散而作用于邻近细胞，这种方式称为旁分泌，如胃肠道激素等。

（3）自分泌　内分泌细胞所分泌的激素在局部扩散又返回作用于该内分泌细胞而发生反馈作用，这种方式称为自分泌，如前列腺素等。

（4）神经分泌　下丘脑有许多具有内分泌功能的神经细胞，这类细胞既能产生和传导神经冲动，又能合成和释放激素，故称神经内分泌细胞，它们产生的激素称为神经激素。神经激素可沿神经细胞轴突借轴浆流动运送至末梢而释放，这种方式称为神经分泌，如下丘脑神经肽。

二、激素分类

虽然激素种类繁多，来源复杂，但按其化学性质可分为两大类。

（一）含氮激素

含氮激素都含有氮元素，通常都是氨基酸的衍生物或蛋白质、多肽等。

（1）肽类和蛋白质激素　包括神经垂体激素、腺垂体激素、胰岛素、甲状旁腺激素、降钙素以及胃肠激素等。

（2）胺类激素　包括肾上腺素、去甲肾上腺素和甲状腺激素等。

（二）类固醇（甾体）激素

类固醇激素是由肾上腺皮质和性腺分泌的激素，如皮质醇、醛固酮、雌激素、孕激素以及雄激素等。另外，胆固醇的衍生物 1,25-二羟维生素 D_3 也属于类固醇激素。

三、激素的作用机制

激素和靶细胞上的受体识别，结合以后，由激素—受体复合物传导信号。经过一系列反应过程，最终产生各种生物学作用。

(一)含氮激素作用的机制——第二信使学说

1. 以 cAMP(环磷酸腺苷)为第二信使

根据第二信使学说,激素作用过程主要包括:

①激素是第一信使,首先与靶细胞膜上具有立体结构的专一性受体结合。

②激素与受体结合后,激活膜上的腺苷酸环化酶系统。

③在 Mg^{2+} 存在的条件下,腺苷酸环化酶促使 ATP 转变为 cAMP,cAMP 是第二信使,信息由第一信使传递给第二信使。

④cAMP 使无活性的蛋白激酶(PKA)激活。PKA 具有两个亚单位,即调节亚单位与催化亚单位。cAMP 与 PKA 亚单位结合,导致调节亚单位与催化亚单位脱离而使 PKA 激活,催化细胞内多种蛋白质发生磷酸化反应,包括一些酶蛋白发生磷酸化,从而引起靶细胞各种生理生化反应(图 9-1)。

2. 以三磷酸肌醇和二酰甘油为第二信使

激素作用于膜受体后,通过调节蛋白——鸟苷酸结合蛋白(简称 G 蛋白)的介导,激活细胞膜内的磷脂酶 C,它使由磷脂酰肌醇(PI)二次磷酸化生成的磷脂酰二磷肌醇(PIP_2)分解,生成三磷酸肌醇(IP_3)和二酰甘油(DG)。IP_3 则进入胞浆。细胞内 Ca^{2+} 贮存库释放 Ca^{2+} 进入胞浆。IP_3 诱发 Ca^{2+} 动员的最初反应是引起暂短的内质网释放 Ca^{2+},随后是由 Ca^{2+} 释放诱发作用较长的细胞外 Ca^{2+} 内流,导致胞浆中 Ca^{2+} 浓度增加。Ca^{2+} 与细胞内的钙调蛋白结合后,可激活蛋白激酶,促进蛋白质磷酸化,从而调节细胞的功能活动(图 9-2)。

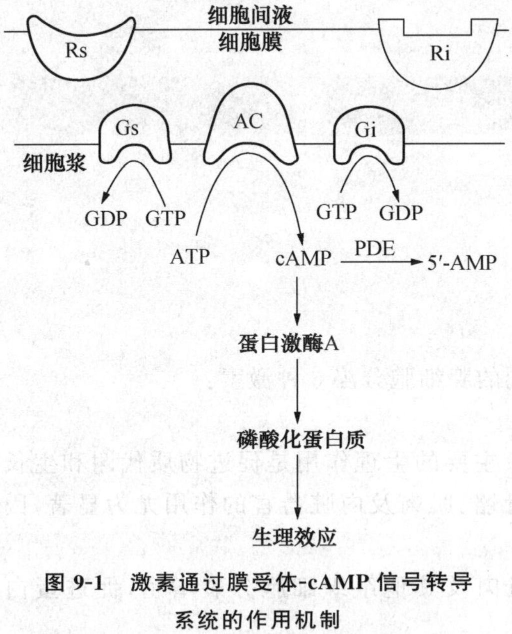

图 9-1 激素通过膜受体-cAMP 信号转导系统的作用机制

Rs:兴奋性受体 Ri:抑制性受体 Gs:兴奋型 G 蛋白 PDE:磷酸二酯酶 AC:酰苷酸环化酶

(引自陈杰主编《家畜生理学》第 4 版)

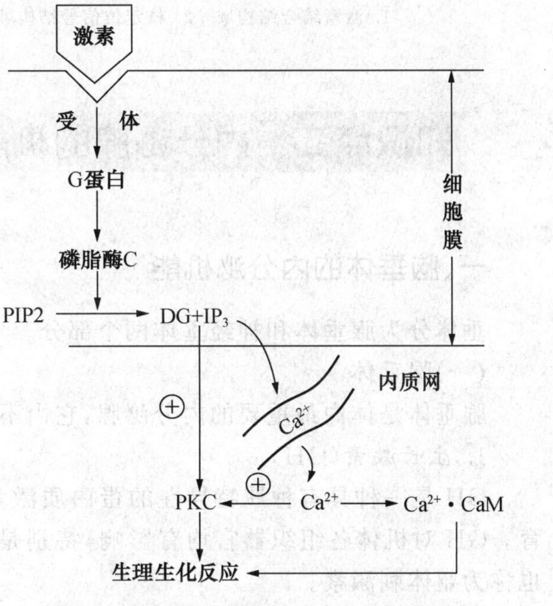

图 9-2 磷脂酰肌醇信息传递系统示意图

PIP2:磷脂酰二磷酸肌醇 DG:二酰甘油

IP_3:三磷酸肌醇 PKC:蛋白激酶

CaM:钙调蛋白

(二)类固醇激素作用机制——基因表达学说

类固醇激素又称甾体激素,呈脂溶性,分子质量 300 u 左右,可以透过细胞膜进入靶细胞与细胞内受体结合，形成激素—胞浆受体复合物。受体蛋白发生构型变化，从而使激素—胞浆受体复合物获得进入细胞核的能力，由胞浆转移至核内。与核内受体相结合，形成激素—核受体复合物，从而激发 DNA 的转录过程，生成新的 mRNA，诱导蛋白质合成，引起相应的生物效应(图 9-3)。

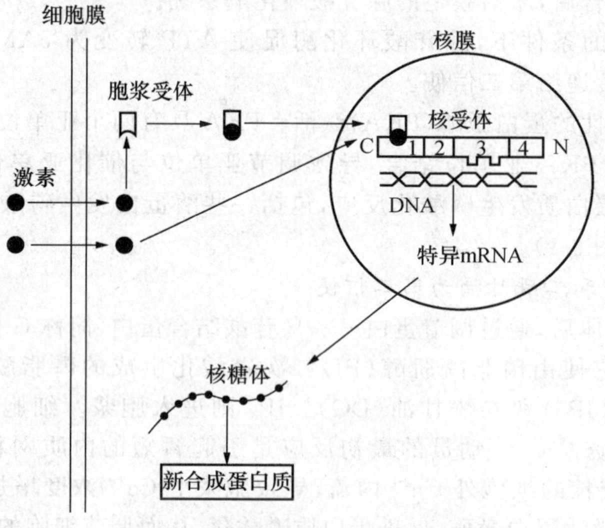

图 9-3　类固醇激素作用机制示意图

1. 激素结合结构域　2. 核定位信号结构域　3. DNA 结合结构域　4. 转录激活结构域

知识点二　内分泌腺的机能

一、脑垂体的内分泌机能

垂体分为腺垂体和神经垂体两个部分。

(一)腺垂体

腺垂体是体内最重要的内分泌腺，它由不同的腺细胞分泌 6 种激素：

1. 生长激素(GH)

GH 是一种具有种属特异性的蛋白质激素，主要的生理作用是促进物质代谢和生长发育。GH 对机体各组织器官均有影响，特别是骨骼、肌肉及内脏器官的作用尤为显著，因此也称为躯体刺激素。

(1)促进生长作用　GH 促进骨、软骨、肌肉及其他组织细胞分裂增殖，促进蛋白质合成。

(2)促进代谢作用　GH 可通过生长介素促进氨基酸进入细胞，加速蛋白质合成；GH 促进脂肪分解，增强脂肪酸氧化，提供能量，特别是使肢体组织脂肪含量减少。GH 抑制外周组织摄取与利用葡萄糖，减少葡萄糖的消耗，提高血糖水平。

知识链接

人体生长素的缺乏症与过多症

人幼年时期缺乏 GH，将出现生长停滞，身材矮小，称为侏儒症；如 GH 过多则患巨人症。

人成年后 GH 过多，使软骨成分较多的手脚肢端短骨、面骨及其软组织生长异常，出现手足粗大、鼻大唇厚、下颌突出等症状，称为肢端肥大症。

2. 催乳素(PRL)

PRL 是一种蛋白质激素。各种动物 PRL 的分子结构和分子质量均有差异。

(1)对乳腺的作用　PRL 在多种激素的参与下，促进乳腺发育，发动并维持泌乳。

(2)对性腺的作用　PRL 对卵巢的黄体功能有一定的作用。少量 PRL 可促进黄体的生成并维持分泌孕激素，而大量的 PRL 反而引起抑制作用。

3. 促甲状腺激素(TSH)

TSH 是糖蛋白激素，主要的生理作用是促进甲状腺的生长和合成、释放甲状腺激素的功能活动。

4. 促肾上腺皮质激素(ACTH)

ACTH 为 39 个氨基酸的直链多肽。ACTH 的生理作用是促进肾上腺皮质增生和肾上腺皮质激素的合成与释放。

5. 促性腺激素(GTH)

GTH 包括卵泡刺激素(FSH)和黄体生成素(LH)两种。

(1)FSH 的作用　在 LH 和性激素协同作用下，FSH 可促进雌性动物卵巢细胞增繁和卵泡生长发育并分泌卵泡液；FSH 作用于雄性动物睾丸，促进生精上皮的发育、精子的生成和成熟。

(2)LH 的作用　LH 对雌性、雄性生殖系统都有作用，它与 FSH 协同作用可促进卵巢合成刺激素、卵泡发育成熟并排卵以及排卵后卵泡转变为黄体。LH 促进睾丸间质细胞增殖并合成雄激素，因而在雄性动物又称为间质细胞刺激素。

6. 促黑(素细胞)激素(MSH)

MSH 主要生理作用是促进黑素细胞产生黑色素。黑素细胞分布于皮肤、毛发、眼球虹膜及视网膜色素层内。位于表皮与真皮之间的黑素细胞，其胞浆中有特殊的黑色素小体，内含酪氨酸酶，可催化酪氨酸转变成黑色素。MSH 使两栖类黑素细胞中的黑素颗粒在细胞内散开，使肤色加深，利于动物在黑暗处隐蔽。MSH 促进哺乳动物和人黑色素的生成，从而加深皮肤和毛发的颜色。

(二)神经垂体

神经垂体不含腺体细胞，不能合成激素。所谓的神经垂体激素是指下丘脑视上核、室旁核产生而贮存于神经垂体的升压素(抗利尿激素)与催产素，在适宜的刺激下，这两种激素由神经垂体释放进入血液循环。

1. 抗利尿激素(ADH)

①作用于肾的远曲小管和集合管,促进水的重吸收,引起抗利尿作用。

②作用于血管平滑肌的抗利尿素受体,促进血管平滑肌的收缩,使血压升高。在生理状态下,血中的 ADH 浓度很低,不能引起血管收缩、血压升高。在机体脱水或失血时,ADH 释放增多,对血压的升高和维持起一定的调节作用。

血浆晶体渗透压和循环血量的改变,可分别通过脑内渗透压感受器和心房、肺容量感受器调节 ADH 的释放。动脉血压升高时,颈动脉窦压力感受器受到刺激,则可反射性地抑制 ADH 的释放,相反则促进 ADH 的释放。

2. 催产素(OXT)

催产素有促进乳汁排出和刺激子宫收缩的作用。

OXT 参与排乳反射是通过神经—体液途径实现的,是典型的神经内分泌反射。吮吸乳头的刺激,通过乳头和皮肤感受器将信息沿传入神经传至下丘脑,使分泌催产素的神经元兴奋,再将信息沿下丘脑—垂体束传送到神经垂体,使储存在此处的 OXT 释放入血,引起乳腺中肌上皮细胞收缩,腺泡和终末导管中的乳汁排出。

交配和分娩时对阴道、子宫颈的刺激,可反射性地引起催产素的释放,使子宫肌收缩加强,交配时利于精子通过雌性生殖道,分娩时利于胎儿产出。雌激素能增加子宫对催产素的敏感性。

二、甲状腺的内分泌机能

甲状腺位于气管腹侧,甲状软骨附近,分左右两叶,中间由峡相连。甲状腺主要分泌四碘甲腺原氨酸又称甲状腺素(T_4)和三碘甲腺原氨酸(T_3)。

(一)甲状腺激素

1. 甲状腺激素的合成过程

(1)甲状腺腺泡聚碘　由肠吸收的碘,以 I^- 的形式存在于血液中,浓度为 250 μg/L,而甲状腺内 I^- 浓度比血液高 20～30 倍。在甲状腺腺泡上皮细胞基底面的膜上,可能存在 I^- 转运蛋白,它依赖 Na^+-K^+-ATP 酶活动提供的能量来完成 I^- 的主动转运。

(2)I^- 的活化　摄入腺泡上皮细胞的 I^-,在过氧化酶的作用下被激活。

(3)酪氨酸碘化与甲状腺激素的合成　在腺泡上皮细胞粗面内质网的核糖体上,可形成一种由四个肽链组成的大分子糖蛋白,即甲状腺球蛋白。碘化过程就是发生在甲状腺球蛋白的酪氨酸残基上。

甲状腺球蛋白酪氨酸残基上的氢原子可被碘原子取代或碘化,首先生成一碘酪氨酸残基(MIT)和二碘酪氨酸残基(DIT),然后两个分子的 DIT 耦联生成四碘甲腺原氨酸(T_4);一个分子的 MIT 与一个分子的 DIT 发生耦联,形成三碘甲腺原氨酸(T_3)。

2. 甲状腺激素的贮存、释放、运输与代谢

(1)贮存　在甲状腺球蛋白上形成的甲状腺激素,在腺泡内以胶质的形式贮存。甲状腺激素的贮存有两个特点:一是贮存于细胞外(腺泡腔内);二是贮存的量很大,可供机体利用 50～120 d 之久。

(2)释放　当甲状腺受到 TSH 刺激后,腺泡细胞顶端即活跃起来,伸出伪足,将含有 T_4、T_3 及其他多种碘化酪氨酸残基的甲状腺球蛋白胶质小滴,通过吞饮作用,吞入腺细胞

内。吞入的甲状腺球蛋白随即与溶酶体融合而形成吞噬体，并在溶酶体蛋白水解酶的作用下，将 T_4、T_3 以及 MIT 和 DIT 水解下来。由于甲状腺球蛋白分子上的 T_4 数量远远超过 T_3，因此甲状腺的激素主要是 T_4，约占总量的 90%以上，T_3 的分泌量较少，但 T_3 的生物活性比 T_4 约大 5 倍。

(3)运输　T_4 与 T_3 释放入血之后，以两种形式在血液中运输：一种是与血浆蛋白结合；另一种则呈游离状态。

(4)代谢　血浆 T_4 半衰期为 7 d，T_3 半衰期为 1.5 d，20%的 T_4 与 T_3 在肝内降解。

3. 甲状腺激素的生物学作用

(1)产热效应　甲状腺激素可提高绝大多数组织的耗氧率，增加产热量，其中以心、肝、骨骼肌和肾脏等组织最为显著。T_3、T_4 的产热效应有一定的差别，T_3 产热作用比 T_4 强 3～5 倍，但作用持续时间较短。甲状腺激素的产热效应与靶组织细胞 Na^+-K^+-ATP 酶活性升高密切相关。甲状腺激素还能够促进脂肪酸氧化，产生大量热能。

(2)对蛋白质、糖和脂肪代谢的影响　蛋白质代谢：T_4 或 T_3 虽然是含氮激素，但它们可以直接进入细胞，并进入细胞核，作用于核受体，刺激 DNA 转录过程，促进 mRNA 形成，加速蛋白质与各种酶的生成。肌肉、肝与肾的蛋白质合成明显增加，细胞数量增多，体积增大，尿氮减少，表现为正氮平衡。

糖代谢：甲状腺激素促进小肠黏膜对糖的吸收，增强糖原分解，抑制糖原合成，甲状腺素有升高血糖的趋势。

知识链接

缺碘与甲状腺肥大

机体缺碘导致血液中 T_4 与 T_3 下降，从而刺激 TSH 分泌。TSH 一方面促进甲状腺素的合成与释放，另一方面促进甲状腺腺细胞的增生，因而长期缺碘将导致甲状腺肥大。

脂肪代谢：甲状腺激素促进脂肪酸氧化，增强儿茶酚胺与胰高血糖素对脂肪的分解作用。T_4 与 T_3 既促进胆固醇合成，又可通过肝加速胆固醇的降解，而且分解的速度超过合成。甲状腺功能亢进患者血中胆固醇含量低于正常。

(3)生长与发育的影响　甲状腺激素具有促进组织分化、生长与发育成熟的作用，特别是对脑和骨的发育尤为重要。胚胎期缺碘可导致甲状腺激素合成不足或出生后甲状腺功能低下，以致脑神经发育受阻，智力低下；同时长骨生长停滞，身材矮小，表现为呆小症。

(4)对神经系统的影响　甲状腺激素不但影响中枢神经系统的发育，对已分化成熟的神经系统活动也有作用。甲状腺功能亢进时，中枢神经系统的兴奋性增高，主要表现为注意力不易集中，过敏疑虑、喜怒失常、烦躁不安、睡眠不好而且多梦幻，以及肌肉纤颤等。相反，甲状腺功能低下时，中枢神经系统兴奋性降低，出现记忆力减退，说话和行动迟缓，淡漠无情与终日思睡状态。

(二)降钙素(CT)

降钙素由甲状腺 C 细胞分泌，其生物学作用为：

1. 对骨的作用

CT 可抑制破骨细胞活动，增强成骨过程，使成骨过程加强，减弱溶骨过程，骨组织钙、磷沉积增加、释放减少，血钙、血磷降低。

2. 对肾的作用

CT 抑制肾小管对钙、磷、钠、氯的重吸收，使这些离子经尿排出的量增多。

三、甲状旁腺的内分泌机能

甲状旁腺激素（PTH）是由甲状旁腺主细胞分泌的激素。PTH 是调节血钙水平的最重要激素，它有升高血钙和降低血磷含量的作用。PTH 的靶器官为骨、肾脏。

1. 对骨的作用

骨是体内最大的钙贮存库，PTH 动员骨钙入血，使血钙浓度升高，同时也加速破骨过程。

2. 对肾和小肠的作用

PTH 可促进肾小管的远球小管和髓袢细段对钙的重吸收，使尿钙减少，血钙升高；抑制近球小管对磷的重吸收，尿中磷酸盐增加，血磷降低。PTH 通过激活肾内 1α-羟化酶，催化 25-(OH)-D_3 转化为活性更高的 1,25-$(OH)_2$-D_3，后者可刺激小肠细胞钙结合蛋白的形成，进而促进钙、镁、磷等吸收。

知识链接

机体内维生素 D_3 的来源与作用

体内的维生素 D_3 主要来源于皮肤，在阳光紫外线的作用下，皮肤中的 7-脱氢胆固醇可转化为维生素 D_3，在动物性饲料中也可以获得。维生素 D_3 经过羟化酶催化后转变为具有生物活性的 1,25-$(OH)_2$-D_3，作用于小肠、骨和肾，使血钙升高。

四、胰腺的内分泌机能

胰腺组织中散在分布的大小不等、形状不定的细胞群，即内分泌腺胰岛。胰岛细胞按其染色和形态学特点，主要分为 A、B、D、PP 细胞，分别分泌胰高血糖素、胰岛素、生长抑素和胰多肽。

（一）胰岛素

胰岛素是由胰腺中胰岛的 B 细胞分泌，是促进合成代谢、调节血糖稳定的主要激素。

1. 对糖代谢的调节

胰岛素促进组织、细胞对葡萄糖的摄取和利用，加速葡萄糖合成糖原，贮存于肝和肌肉中，并抑制糖异生，促进葡萄糖转变为脂肪酸，贮存于脂肪组织，导致血糖水平下降。血糖浓度是调节胰岛素分泌的最重要因素，当血糖升高时，胰岛素分泌明显增加，从而促进血糖降低。

2. 对脂肪代谢的调节

胰岛素促进肝合成脂肪酸，然后转运到脂肪细胞贮存。

知识链接

糖尿病

糖尿病是一组以高血糖为特征的代谢性疾病，是胰岛素绝对或相对缺乏的状态。根据发病机制的不同，糖尿病可分为1型糖尿病和2型糖尿病。1型糖尿病发病机制为胰岛素的绝对缺乏；而2型糖尿病则是胰岛素抵抗和/或胰岛素分泌不足。

3. 对蛋白质代谢的调节

①促进氨基酸通过膜的转运进入细胞；②可使细胞核的复制和转录过程加快，增加DNA和RNA的生成；③作用于核糖体，加速翻译过程，促进蛋白质合成。

(二)胰高血糖素

胰高血糖素是由胰腺中胰岛的A细胞分泌，其作用与胰岛素的作用相反，胰高血糖素是一种促进分解代谢的激素。胰高血糖素具有很强的促进糖原分解和糖异生作用，使血糖明显升高。

五、肾上腺的内分泌机能

肾上腺包括肾上腺皮质(肾间组织)和肾上腺髓质(嗜铬组织)。

(一)肾上腺皮质激素

肾上腺皮质分泌的皮质激素分为三类，即盐皮质激素、糖皮质激素和性激素。它们都是类固醇的衍生物，统称为类固醇激素或甾体激素。球状带细胞分泌盐皮质激素，主要是醛固酮；束状带细胞分泌糖皮质激素，主要是皮质醇；网状带细胞主要分泌性激素，如脱氢异雄酮和雌二醇，也能分泌少量的糖皮质激素。

1. 糖皮质激素的作用

(1)对物质代谢的影响

糖代谢：促进糖异生，升高血糖；

蛋白质代谢：糖皮质激素促进肝外组织，特别是肌肉组织蛋白质分解，加速氨基酸转移至肝生成肝糖原；

脂肪代谢：糖皮质激素促进脂肪分解，对身体不同部位的脂肪作用不同，使四肢脂肪组织分解增强，使腹、面、肩及背的脂肪合成有所增加。

(2)对水盐代谢的影响　皮质醇有较弱的保钠排钾作用。

(3)对血细胞的影响　糖皮质激素可使血中红细胞、血小板和中性粒细胞的数量增加。

(4)在应激反应中的作用　应激是指当机体受到强烈刺激(如缺氧、创伤、手术、饥饿、疼痛、寒冷以及精神紧张和惊恐不安等)时，血中ACTH增加，糖皮质激素分泌相应增加，并产生一系列全身性反应。

2. 盐皮质激素的作用

肾上腺皮质分泌的盐皮质激素主要包括醛固酮、11-去氧皮质酮(DOC)，其中醛固酮的生物活性最高。盐皮质激素是调节机体水盐代谢的重要激素，对肾有保钠、保水和排钾作用，进而影响细胞外液和循环血量的相对恒定。

(二)肾上腺髓质激素

肾上腺髓质的嗜铬细胞能合成和分泌肾上腺素(E)、去甲肾上腺素(NE)和多巴胺,都属于儿茶酚胺类化合物。

髓质与交感神经系统组成交感—肾上腺髓质系统,机体遭遇特殊紧急情况时,这一系统立即调动起来,儿茶酚胺作用于中枢神经系统,提高其兴奋性,使机体处于警觉状态,称为应急反应。引起应急反应的刺激也能引起应激反应,应激反应主要是加强机体对伤害刺激的基础耐受能力,而应急反应更偏重于提高机体的警觉性和应变能力,两者相辅相成,共同维持机体的适应能力。但是,由糖皮质激素引起的应激反应范围更广,深度更大,往往是在危及生命时才表现出来,是多种激素、因子参与的非特异性反应。

肾上腺素和去甲肾上腺素对各器官、组织和代谢的作用较为广泛(表 9-1)。

表 9-1 肾上腺素与去甲肾上腺素某些生理效应的比较

器官系统	机 能	肾上腺素效应	去甲肾上腺素效应
心血管系统	心率	+	+后反射性—
	心输出量	+	
	收缩压	+	+
	舒张压	—	+
	总外周阻力	—	+
呼吸道	支气管平滑肌紧张	—	—
	呼吸频率	—后+	—后+
胃肠	胃肠平滑肌紧张	—	
膀胱	括约肌紧张	+	
代谢	糖原分解	+	弱+
垂体	ACTH 分泌增加	+	

六、性腺的内分泌机能

性腺包括雄性动物的睾丸和雌性动物的卵巢。性腺功能有两方面:产生配子(精子和卵子)和产生性激素。

(一)睾丸的内分泌机能

睾丸的间质细胞分泌睾酮(T)、双氢睾酮(DHT)和雄烯二酮三种雄激素,其中以双氢睾酮活性最强,其次为睾酮。在鱼类,活性最强的是 11-酮基睾酮。支持细胞分泌一种糖蛋白激素叫抑制素。

知识链接

雄激素的应用

雄激素在畜牧兽医实践中,主要用于治疗公畜性欲不强和性机能减退症,或用于试情动物。

1. 雄激素的功能

(1)刺激雄性性器官的发育与成熟,维持生精作用。

(2)刺激和维持雄性副性征的出现。

(3)引起性欲和性行为。

(4)刺激骨骼肌的蛋白质合成和肌肉的生长,促进骨钙、磷的沉积和生长。

(5)促进红细胞生成素的合成,从而促进红细胞的生成。

2. 抑制素的生理功能

抑制素对腺垂体 FSH 的分泌有很强的抑制作用;生理剂量的抑制素对 LH 的分泌却无明显的影响。

(二)卵巢的内分泌功能

卵巢主要分泌雌激素、孕激素,少量的雄激素和抑制素。哺乳动物在妊娠期间还可分泌松弛素。

1. 雌激素的生理功能

(1)协同促性腺激素(GTH)促进卵泡发育,诱导排卵前 GTH 峰的出现,促进排卵。

(2)促进雌性附性生殖器官和雌性副性征的发育,维持性行为。

(3) 促进与生殖活动有关的器官的发育,如乳腺导管的发育和结缔组织增长,子宫内膜增生;输卵管上皮细胞增生;阴道上皮细胞角化、增生、酸化作用。

(4)促进蛋白质合成,高浓度雌激素导致水、钠潴留,降低血中胆固醇;刺激肝脏合成卵黄蛋白原(即卵黄蛋白前体),促进成骨细胞活动,骨骼生长。

(5)对下丘脑及腺垂体具有反馈性作用。

2. 孕激素的生理功能

孕激素对哺乳动物促进子宫内膜增生、降低子宫兴奋性;增加宫颈内黏液黏稠,阻止其他精子进入;促进乳腺小叶及腺泡发育。

3. 雄激素的生理功能

雄激素是作为雌激素的前体形式存在,雄激素可诱导雌鱼的卵泡分泌 17α,20β-双羟孕酮,与促性腺激素(GTH)促进卵的成熟具有协同作用,维持雌鱼性行为和促进蛋白质合成。

4. 抑制素的生理功能

卵泡成熟时能抑制卵母细胞成熟,停留在第一次成熟分裂前期直至排卵前。

5. 松弛素的生理功能

主要为分娩做准备,使子宫颈扩张和变软,抑制子宫平滑收缩,使耻骨联合和其他骨盆关节松弛和分离。

知识点三　禽类的内分泌特点

(一)下丘脑—垂体系统

禽类的下丘脑—垂体系统与哺乳动物有大体相似的结构和功能,但也有其特点。

禽类垂体具有前叶和后叶,没有中叶。垂体前叶是腺垂体,为重要的激素分泌部位。它接受来自下丘脑的各种信号,并调节相关靶器官的功能,构成生理功能的调节轴。后叶是神经垂体。

1. 腺垂体

(1)生长激素(GH) 生长激素与禽类的生长调节有关,但鸡的生长很大程度上并不依赖于 GH 水平,而受控于肝脏产生的胰岛素样生长因子(IGF-Ⅰ)。例如蛋鸡的 GH 水平要高于生长速度快的肉鸡。而肉鸡血浆中 IGF-Ⅰ的浓度显著高于蛋鸡。因此肝脏的受体及受体后机制是调节鸡生长的关键因素。

(2)催乳素(PRL) 禽类催乳素的分泌与性周期密切相关。以火鸡为例,抱窝期 PRL 明显增加,而静止期较低。PRL 能促进鸽嗉囊乳的分泌,对雌禽则表现为抱窝和性功能的抑制。

此外,腺垂体还分泌促甲状腺激素、促性腺激素以及促肾上腺皮质激素等,其功能与哺乳动物一样。

2. 神经垂体

下丘脑视上核和室旁核伸进神经垂体内的神经纤维末梢能释放催产素(OXT)、8-精催产素(AVT)、8-异亮催产素和加压抗利尿激素(ADH)。催产素和 8-异亮催产素均有促进输卵管收缩的作用,但前者的作用较强。AVT 能诱导母鸡产蛋和公鸡的爬跨行为,并能降低泌尿活动。

(二)甲状腺

禽类的甲状腺位于颈部腹外侧,气管两旁。鸡甲状腺有重要的生理功能,它的大小与总体重成正比,随性别、年龄等因素而变化。禽类甲状腺生成的是 T_3 和 T_4,总体上与哺乳动物相似。T_3 和 T_4 的分泌受控于腺垂体分泌的 TSH 影响,T_3 和 T_4 能促进肝、肾、心和肌肉内糖原的分解,提高血糖;加强细胞呼吸,增加耗氧量,提高代谢率。甲状腺激素调节禽类换羽,换羽能诱发甲状腺分泌,而分泌的激素又能促进换羽。甲状腺参与生长发育的调节。

(三)甲状旁腺

甲状旁腺激素(PTH)能促进禽体破骨细胞的分化。破骨细胞的水解酶能使骨骺端、骨内板和骨髓溶解,引起血钙升高。PTH 也能增强肾小管对钙的重吸收和磷酸盐排出,进而提高肾脏羟化酶的活性,以形成 1,25-$(OH)_2D_3$,促进肠管对钙的吸收,以供给母鸡产蛋所需的钙,以及维持禽体钙的正常代谢。

(四)鳃后腺

禽类有单独的鳃后腺,其 C 细胞产生的降钙素能促进钙在骨质中沉积,并可抑制骨钙的溶解,降低血钙、磷酸盐和镁的浓度。

(五)性腺

(1)雄性激素 睾丸间质细胞分泌的睾酮能刺激雄性性器官发育,促进雄性鸡冠的生长,出现第二性征。睾酮对视前区的刺激,可诱发公鸡的交配行为。光照可引起下丘脑释放促性腺激素释放激素(GnRH),使腺垂体分泌 LH,通过 LH 促进睾酮释放。

(2)雌激素 主要有雌激素(雌二醇和雌酮)和孕酮,其分泌受光照和温度的影响。

雌激素:能促进母鸡卵黄磷脂蛋白生成,增加脂肪沉积,有助于育肥;增加血脂、血钙和血清蛋白的含量;增加羽毛色泽,促进第二性征的发育;并能促进输卵管生长发育。

孕酮:禽类无黄体,其孕酮由卵泡内颗粒细胞产生,可直接作用于腺垂体,引起 LH 的释放,诱发排卵。

复习思考

1. 简述含氮激素和类固醇激素的作用机制。
2. 腺垂体和神经垂体分泌哪些激素？其生理作用如何？
3. 比较甲状腺激素与生长激素影响生长发育的异同点及其分泌异常时机体的表现。
4. 简述对维持血钙正常浓度起重要作用的激素及其生理作用。
5. 简述肾上腺内分泌机能及其与动物应激(应急)反应的关系。

Project 10

认知生殖与泌乳

学习目标

理解性成熟、体成熟和性季节的概念及生产实践意义；

掌握雄性和雌性生殖生理的规律及特点；

理解禽类生殖生理的规律及特点；

掌握动物泌乳规律。

生殖是动物机体保持种族延续、繁衍后代的最基本的生命活动规律之一。它是通过生殖器官的活动和雌雄两性生殖细胞的结合而实现的。在动物界生殖方式及过程具有多样性的特点。常见哺乳动物的生殖过程包括生殖细胞生成、交配、受精、妊娠、分娩及哺乳等重要环节。

泌乳是哺乳动物所特有的生理活动，它包括乳的生成和排出两个独立而又相互联系的过程。

知识点一　性成熟、体成熟与性季节

一、性成熟和体成熟

(一)性成熟

当动物生长发育到一定阶段，生殖器官已基本发育完全，开始具备了繁殖后代的能力，通常我们把这个时期称为性成熟。其标志是：性腺能形成成熟的生殖细胞和分泌性激素；出现各种性反射；能完成交配、受精、妊娠和胚胎发育等生殖过程。

知识链接

动物何时能用于繁殖？

动物性成熟时，虽然具备了生殖能力，但身体还未发育完全，不宜配种和繁殖，只有达到体成熟，动物各器官系统的功能发育完善，才允许用于繁殖。

性成熟是一个发展过程，它的开始阶段称初情期。雄性动物的初情期，一般以开始出现阴茎勃起、爬跨异性、交配等各种性行为为标志。雌性动物初情期的主要表现是开始出现发情，但发情无规律。从初情期到具有正常生殖能力的性成熟往往需一段较长时间，一般情况下，小动物比大动物性成熟早，雄性动物比雌性动物性成熟早。

(二)体成熟

动物性成熟后，其生长发育仍在继续进行，直到具有成年动物正常体貌结构特征，称为体成熟。动物性成熟时，虽然已具备繁殖能力，但一般不宜立即用来配种、繁殖。这是由于这一时期家畜自身仍处于生长期，过早的繁殖，不但影响自身的发育，而且影响胎儿的生长发育，对后代产生不良影响。所以一般要求动物接近体成熟后再用于繁殖。生产实践中，一般大家畜要体重达到成年体重的70%以上才开始配种。各种动物性成熟和体成熟的年龄常因品种、饲养管理和外界环境等因素而存在差异(表10-1)。

表10-1　动物性成熟和体成熟的年龄　　月龄

动物种类	性成熟	体成熟	动物种类	性成熟	体成熟
猪	4～8	8～12	犬	6～10	10～16
羊	6～8	12～18	兔	3～5	5～8
牛	8～12	18～24	骆驼	36～48	60
马	12～18	30～48	猫	5～9	10～12

二、性季节

猪、牛和家兔在一年之中，除在妊娠期外，都能周期性地出现发情，叫“终年多次发情”；羊、马等动物只在一定季节里，表现多次发情，叫“季节性多次发情”；犬在一个季节里，只表现一次发情，叫“季节性单次发情”。雌性动物在发情季节之间要经过一段无发情表现时期，叫乏情期，而雄性动物一般不受季节的限制。

知识链接

雌性动物如何把握好性季节？

很多雌性动物的发情具有明显季节性，尤其对于全年单次发情的雌性动物，我们在生产实践中要细心观察，掌握好性季节中的发情规律，适时配种，以提高雌性动物的繁殖效率，以期获得良好的经济效益。

季节性发情的动物，在接近原始类型或较粗放条件下的品种，发情的季节性比较明显。影响季节性发情的因素有营养、光照等。随着驯化程度和饲养管理的改善，季节性限制在逐渐减弱。

知识点二　雄性生殖生理

雄性动物的生殖器官包括睾丸、附睾、输精管、尿生殖道及精囊腺、前列腺、尿道球腺、阴茎、包皮等。雄性动物的生殖活动是由雄性生殖系统来完成的，主要包括精子的产生、成熟，精液的排放等系列活动，该活动是在神经与内分泌的调节下进行的。下面按照生殖器官的序列简述其功能。

一、睾丸的功能

睾丸的主要功能是产生精子和分泌雄性激素。睾丸的外面包着阴囊，具有保护睾丸和调节睾丸温度的作用。阴囊能随体温和外界环境的变化而收缩、松弛。天气炎热时，阴囊的皮肤汗腺出汗，同时阴囊松弛，使热量散发，以降低温度。天气寒冷时，阴囊收缩，使睾丸靠近腹部，便于保温。这样，睾丸能保持所需要的温度，保证精子少受外界温度变化的影响。通常，睾丸温度比体温低3～4℃，这对精子的生成、贮存很有利。如果雄性动物两侧或一侧的睾丸一直留在腹股沟管或腹腔内，叫作隐睾或单睾。这种动物无生殖能力，不能留作种用。

（一）精子的产生

精子的生成和发育是在睾丸的曲细精管内进行的。曲细精管的管壁有多层上皮细胞，它们不断地生成和发育，在达到性成熟时，就开始产生精子。曲细精管上有不同发育阶段的精细胞，精细胞自曲细精管基部缓慢移向管腔，并逐步形成精子，待精子进入管腔后，即沿曲细精管、直细精管及睾丸网进入附睾。在附睾内精子逐渐成熟并贮存于此，到射精时才释放出来。如不射精，精子在附睾中经一定时间后，即衰老、死亡并被吸收。

精子在生成过程中，从曲细精管壁上相邻的支持细胞获得支持和营养。要保证精子有良好的受精能力和获得优良的后代，必须考虑雄性动物的年龄、环境温度和饲养管理等因素。各种雄性动物最大繁殖年龄见表10-2。

表10-2 各种雄性动物最大繁殖年龄 岁

动物种类	牛	猪	羊	马
最大繁殖年龄	8～12	5～6	6～8	15～20

(二)雄性激素的分泌

睾丸曲细精管之间的间质细胞能分泌雄激素以及少量雌激素。

从睾丸和雄性动物尿中获得的各种雄性激素，都叫雄激素。其中作用最强的是由睾丸间质细胞所分泌的睾丸酮，简称睾酮。睾酮在体内代谢后，转变为雄酮随尿排出。

雄激素的作用主要是刺激雄性动物副性器官的发育和第二性征的出现，其具体作用如前章内分泌所述。

二、其他性器官的功能

(一)附睾的功能

附睾是贮存精子和排出精子的管道。附睾管内的条件很适宜于精子的存活和发育成熟。因为附睾管内分泌物能供给精子发育所需要的养分，管内呈弱酸性，而且温度较低，使精子在这里处于代谢静止期，以免消耗养分过多，使贮存时间延长。精子通过附睾管的过程中，逐渐发育成熟。如果精子在附睾管中停留时间过长，就会失去受精的能力，最后衰老、死亡而被吸收。因此，附睾的主要功能是精子的转运、浓缩、成熟和贮藏。附睾尾部较粗，能贮存较多的精子，管壁肌层的收缩力较强，能在交配前的各种刺激下，把精子排至输精管。

(二)输精管的功能

输精管为输送精子的管道。精子由于输精管的蠕动而从附睾尾部被送到输精管壶腹部，配种时将精子排到尿生殖道。

(三)副性腺的功能

副性腺是指精囊腺、前列腺和尿道球腺等腺体的总称，它们的分泌物共同组成精液的液体部分——精清。精清内含有果糖、蛋白质、磷脂化合物、无机盐和各种酶等，这些物质的存在为精子活动提供了有利条件，并增加了精液的容量，以保证精子正常的受精能力。

(1)精囊腺　分泌物黏稠、量大，呈白色胶状液，含球蛋白较多，在射精过程中最后进入雌性动物阴道，猪精囊腺分泌物能在阴道中很快凝结形成黏稠的栓塞，防止精液倒流，增加受精的机会。

(2)前列腺　分泌物为稀薄、不透明的液体，有特殊臭味，含蛋白质较多，呈碱性。紧随精子排出后进入雌性动物生殖道，能中和阴道内的酸性分泌物，同时，还能吸收精子排出的CO_2，有利于精子的活动。

(3)尿道球腺　分泌物为透明黏液，呈碱性，在射精以前排出，有冲洗尿道、中和阴道内的酸性分泌物的作用，为精子通过创造条件。

雄性动物射精时，副性腺的分泌有一定的顺序，即尿道球腺首先分泌，以冲洗、中和润滑尿道；然后附睾排出精子，前列腺分泌，以促进精子在雌性动物生殖道内的活动能力；最后排出精囊腺分泌物，在阴道内凝结，可防止精液从阴道外流，这对交配后保证受精有着重要作用。

(四)阴茎的功能

阴茎是交配器官，当阴茎海绵体间隙内血管充满血液时，表现勃起，以利交配。

三、性反射

雄性动物的性反射共有四种。在交配过程中，这些性反射的出现有一定的顺序，而每一种反射又是独立的，可以单独发生。

(1)勃起反射　主要生理变化为阴茎充血、勃起，突出于包皮囊。某些性的刺激通过公畜的嗅觉、视觉、听觉和触觉等，引起腰荐部脊髓的勃起中枢兴奋，进而引起阴茎海绵体的充血，使阴茎勃起。

(2)爬跨反射　雄性动物爬跨在雌性动物的后躯上面，同时有拥抱动作，又称为"拥抱反射"。

(3)抽动反射　这一反射常常在前两个反射之后出现。由臀部肌肉的强烈收缩所形成，是将阴茎插入雌性动物阴道所必需的动作，而以阴茎接触到阴道时表现最为明显。

(4)射精反射　附睾尾、输精管、副性腺、尿道和阴囊等由于腰荐脊髓的射精中枢的兴奋而引起强烈的分泌和收缩，结果使精液排出。射精反射过程中，家畜非常安静。其过程的长短，因家畜的种别及射精量的大小而有所不同。

四、精液

雄性动物射出的精液包括精子和精清两部分。精子在睾丸中形成后即贮存于附睾中，而精清则是副性腺的混合分泌物，精子悬浮在精清之中。精子在精液中所占比例很小，精液量的大小主要取决于各副性腺的分泌量(表10-3)。如猪的副性腺分泌物多，其精液量就大，精子密度较小；牛的副性腺分泌物少，其精液量也小，精子的密度较大。通常精液黏稠不透明，具有特殊气味，pH在7.0～7.3，渗透压与血浆相似。

表10-3　各种动物的射精量及精子浓度

动物种类	1次射精量/mL		1 mL中精子数/$\times 10^{10}$		1次射精的总精子数/$\times 10^{10}$	
	平均	最大	平均	最大	平均	最大
猪	200～400	1 000	0.1～0.2	1	20～30	100
马	50～100	600	0.08～0.2	0.8	4～20	60
牛	4～5	15	1～2	6	4～10	80
羊	1～2	3.5	2～5	8	2～10	18

精清的成分及生理作用如前所述，不再重复。

精子在睾丸中形成后即贮存于附睾内，是高度特异化的浓缩细胞，主要由含有父系遗传物质的头和作为运动的尾构成，状如蝌蚪。

精子形态的任何异常，如头狭窄、尾弯曲、双头、双尾等都是精液品质不良的表现。精子的运动有三种形式：直线前进运动、原地转圈和原地颤动。只有呈直线前进运动的精子，才具有受精能力。

精子离开机体后，易受外界某些因素的作用而影响其活力，甚至造成死亡。例如精子适宜的酸碱度是 pH 7.0 左右，在阴道内，由于偏于酸性可使精子很快死亡；在 0℃温度下，精子呈不活动状态，若温度超过 40℃或在阳光直射下或置于低渗、高渗溶液中以及剂量很小的消毒药液中，精子均可很快死亡。因此，在人工授精工作中应当防范这些因素的作用，谨慎处理采得的精液。

知识点三　雌性生殖生理

雌性动物的生殖器官主要包括卵巢、输卵管、子宫、阴道、尿生殖前庭等部分。雌性动物的生殖活动主要包括卵泡的发育、卵子的成熟、排卵、受精、妊娠、分娩和泌乳等系列活动，该活动是由雌性生殖系统来完成的，是一个相当复杂的过程。

一、卵巢的功能

卵巢主要由生殖上皮、结缔组织和许多大小不等、发育程度不同的卵泡所构成。它的机能主要是生成卵子、分泌雌激素和孕酮。

(一)卵子的生成

雌性动物性成熟的主要生理特征是卵细胞在卵泡中的成熟和排出。

知识链接

如何检查卵泡发育程度?

牛和马的成熟卵泡在直肠检查时可触摸到，在人工授精和繁殖工作中，可通过直肠检查来确定卵泡发育程度，以进行适时配种。

1. 卵子的生成过程

卵细胞起源于卵巢的生殖上皮。它的生成分为增殖、生长和成熟三个阶段。在增殖期内，卵巢生殖上皮产生的卵原细胞经多次分裂后产生大量卵母细胞。每一个卵母细胞的四周被一层卵泡细胞包裹，形成原始卵泡。其中一部分原始卵泡继续发育，卵母细胞逐渐长大，四周的卵泡细胞很快分裂，使原始卵泡的体积逐渐增大，称生长卵泡；卵泡细胞的数量增多，排列也由一层变为多层。在原始卵泡不断发育过程中，卵泡细胞开始分泌含有雌激素的卵泡液至卵泡腔中，随后卵泡越长越大，卵泡液越积越多，卵细胞挤至卵泡的一角，称囊状卵泡。囊状卵泡继续发育，体积继续增大，向卵巢表面突出，变成很大的成熟卵泡。

2. 排卵

突出于卵巢表面的成熟卵泡，由于不断增多的卵泡液压迫和卵泡液中的蛋白分解酶的作用，卵泡壁逐渐变薄，最后破裂。卵泡液和成熟的卵子从破裂卵泡排出的过程叫作排卵。排卵是由腺垂体分泌促黄体生成激素作用引起的。排卵有两种类型：

(1)自发性排卵　牛、马、猪、羊等动物卵泡发育成熟后自然发生排卵的现象称自发性排卵。

(2)诱发性排卵　猫、兔等动物只有交配才能诱发促黄体生成激素达到高峰,卵泡发育成熟后必须通过交配刺激才能发生排卵的现象,称诱发性排卵。

牛、马等动物每次发情一般只有一个卵泡成熟,只排出一个卵子,左右两侧卵巢交替出现,少数可排出两个卵子。而猪、山羊、犬、兔等动物,每次发情有好几个卵泡同时成熟,排出两个以上的卵子。每次发情成熟的卵泡数目在很大程度上决定着动物的产仔数。

成熟卵泡破裂后,卵泡壁塌陷,卵泡腔内充满因卵泡膜血管破裂流出的血液而形成的血凝块,称为红体。以后,卵泡上皮细胞又逐渐形成新的细胞层,代替血凝块,并在细胞的原生质内积蓄黄色颗粒,使破裂的卵泡形成黄体。黄体存在的时间要看是否受精。如未妊娠,不久黄体就萎缩退化,最后形成一个白色物,叫作白体。若卵子已受精,黄体就继续生长,叫作妊娠黄体。马妊娠150 d左右,黄体就开始萎缩,到妊娠7个月后就完全消失;反刍动物、杂食动物及肉食动物直至妊娠末期才逐渐萎缩。

(二)激素的分泌

卵巢分泌的性激素有雌激素、孕激素和极少量雄激素。它们和促性腺激素相互作用,相互制约,使卵巢排卵、子宫内膜和阴道黏膜发生周期性变化。

1. 雌激素

主要由卵巢中的卵泡囊内层和黄体分泌,此外胎盘、肾上腺皮质、睾丸的间质细胞也能生成少量的雌激素,其中由卵巢分泌的雌二醇效力最强。其具体作用如前章内分泌所述。

2. 孕激素

由黄体和胎盘分泌,此外肾上腺皮质也能产生少量孕激素。孕激素以黄体分泌的孕酮作用最强。马和绵羊因胎盘产生孕激素,因而黄体消失后不会发生流产;猪、山羊、兔等动物没有黄体以外的孕激素来源。

孕激素通常要在雌激素作用的基础上才能发挥作用。其具体作用如前章内分泌所述。

二、其他性器官的功能

(一)输卵管的功能

在排卵时,卵子被纳入输卵管的伞端。精子的获能作用、受精和胚胎卵裂都发生在输卵管内。精子和卵子的运行是靠输卵管上皮纤毛的摆动作用和卵巢激素影响下肌肉的收缩完成的。

输卵管分泌细胞分泌的管腔液对精子和卵子的运输和营养、受精卵的分裂及胚泡附植前的发育具有重要作用。

(二)子宫的功能

子宫及其分泌物在生殖过程中起着重要的作用。这些功能主要体现在:交配时子宫的收缩有助于精子向输卵管运送;子宫内膜的分泌物有助于精子获能;受精卵在附植以前,子宫分泌物滋养着发育的胚泡,同时,子宫还是胎盘形成和胚胎发育的地方,子宫的运动是与输卵管和卵巢的周期性活动相协调的,分娩时,子宫的强大收缩能力对胎儿的排出起着重要的作用;子宫颈能分泌黏液(含黏蛋白),发情周期中有量的变化;妊娠时分泌的黏液变得胶黏,闭塞子宫颈管,可以防止感染物侵入。

(三)阴道等的功能

阴道是交配器官，对于某些动物(如牛、羊)是交配时精液的注入处所。它又是胎儿和胎盘产出时能扩张的通道。尿生殖前庭中的前庭腺分泌一种黏稠的液体，在发情时活动旺盛。阴门部的阴蒂是由勃起组织构成，具有丰富的感觉神经末梢，受性刺激，发生勃起。

三、受精

受精是指精子和卵子结合而形成合子的过程，受精部位在输卵管上 1/3 处。

(一)精子的运行

精子的运行是指精子在雌性动物生殖道内由射精部位向受精部位运动的过程。

(1)精子运行的动力　精子的运行除靠本身的前进运动外，更重要的是借助于子宫和输卵管的收缩和蠕动。趋近卵子时，精子本身的运动十分重要。

(2)精子保持受精能力的时间　精子在雌性动物生殖道内保持受精能力的时间为 1～2 d，但马和犬例外，在母马生殖道内精子可存活 6 d，而在母犬生殖道内则存活 90 h。

(3)精子的受精获能过程　精子在雌性生殖道内经过某种变化才具有进入透明带和使卵子受精的能力，这一变化过程叫作精子的受精获能过程。交配往往发生在发情开始或盛期，而排卵发生在发情结束时或结束后。因此精子一般先于卵子到达受精部位，在这段时间内精子可以自然地完成获能过程。

(二)卵子的运行

(1)卵子运行的过程　排卵时，卵子随卵泡液被纳入输卵管伞部，并借助于伞部上皮细胞纤毛的颤动和平滑肌的收缩，很快进入输卵管。卵子在输卵管内运行时发生分裂并逐渐成熟，出现卵黄膜、透明带及间隙等变化。卵子在输卵管前半段通过很快，到输卵管后半段时，卵子的运行显著变慢。一般通过整个输卵管的时间为 50～98 h。

(2)卵子保持受精能力的时间　卵子在输卵管内保持受精能力的时间就是卵子运行至输卵管峡部所需的时间。一般猪为 8～10 h，牛为 8～12 h，马为 6～8 h，绵羊为 16～24 h。卵子排出后如未遇到精子，则沿输卵管继续下行，并逐渐衰老，被输卵管分泌物所包裹，精子不能进入，即失去受精能力。

(三)受精过程(图 10-1)

(1)精子和卵子相遇　雄性动物一次射精中精子的总数达几亿或几十亿个，但到达壶腹的数目却很少，一般不超过 1 000 个。射精后精子一般在 15 min 之内到达受精部位。

(2)精子进入卵子　精子和卵子相遇之后放出透明质酸酶，溶解卵子周围的放射冠，穿过放射冠到达透明带，然后靠精子的活力和蛋白水解酶的作用穿过透明带。同时精子失去顶体，精子头部与卵黄表面接触，激活卵子，使其开始发育，卵子表面产生突起，然后精子的头进入卵黄膜。

(3)原核形成和配子配合　精子进入卵子后，头部膨大，细胞核形成雄原核，卵子的核形成雌原核。两个原核接近并接触，核膜消失，发生融合，各自形成的染色体进行组合，完成受精的过程。一般从精子入卵到完成受精的时间为 12～20 h。

(四)透明带反应和卵黄封阻作用

透明带在第一个精子进入后发生变化，使以后的精子不容易进入，这种变化叫作透明带反应。同时卵黄在接纳一个精子后，不再接纳精子，这一作用叫作卵黄封阻作用，也起着防

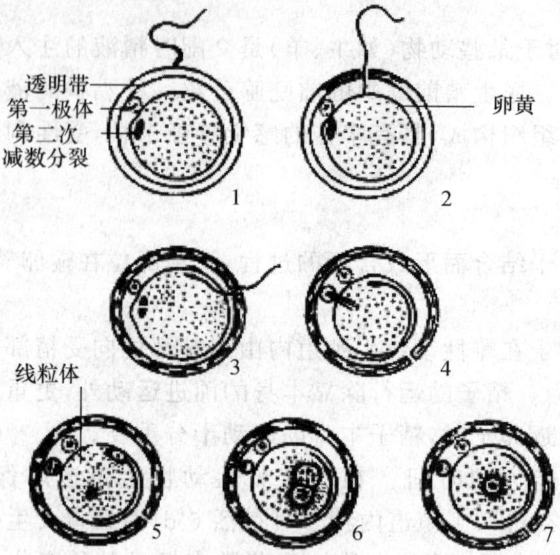

图 10-1　受精过程模式图

1. 精子与透明带接触，第一极体被挤出，卵子的细胞核正在进行第二次减数分裂　2. 精子已穿过透明带，与卵黄接触，引起透明带反应　3. 精子头部进入卵黄，平躺于卵黄的表面之内，该处表面突出，透明带围绕卵黄转动　4. 精子几乎完全进入卵黄之内，头部膨大，卵黄体积缩小，第二极体被挤出　5. 雄原核和雌原核发育，线粒体聚集在原核周围　6. 原核完全发育，含有很多核仁，雄原核比雌原核大　7. 受精完成，原核消失，以染色体团代替，染色体团并成一组染色体，处于第一次卵裂的前期

止多精子受精的作用。

四、妊娠

(一)妊娠

妊娠是指受精卵在雌性动物子宫内生长发育成为成熟胎儿的过程。妊娠期主要生理变化有：

1. 受精卵的卵裂和胚泡的附植

受精卵沿输卵管向子宫移动的同时，进行细胞分裂，称为卵裂，经 3～4 d 进入子宫。卵裂达到 16～32 个细胞时，形似桑葚，称为桑葚胚。桑葚胚继续分裂，体积扩大，形成中央含有少量透明液体的空腔，叫作胚泡。在胚泡周围形成一层滋养层，供给胚泡迅速增殖所需要的营养物。其后逐渐埋入子宫内膜而被固定，叫作附植。猪胚泡的附植在受精后 2～3 周完成，马在受精后 2～3 个月完成。附植后的胚泡继续生长，进入妊娠期的生理状态。

2. 胎膜和胎盘的形成与胎儿发育

(1)胎膜　附植后的胚泡继续发育，逐渐形成一个由羊膜、尿囊膜和绒毛膜组成的结构，称为胎膜。

羊膜：羊膜包围着胎儿，形成羊膜囊，囊内充满羊水，胎儿浮于羊水中。羊水有保护胎儿和分娩时润滑产道的作用。

尿囊膜：尿囊膜在羊膜囊的外面，形成囊腔，叫尿囊，内有尿囊液。

绒毛膜：绒毛膜位于最外层，紧贴在尿囊膜上，表面有绒毛。牛和羊的绒毛散布于绒毛膜的表面，并聚集成许多丛，叫绒毛叶，除绒毛叶外，绒毛膜的其余部分是平滑的。猪和马的绒毛分布于整个绒毛膜的表面。

(2)胎盘　胎盘是由胎儿的绒毛膜和母体的子宫内膜共同构成的。牛和羊的胎盘为绒毛叶胎盘(子叶型胎盘),是由绒毛叶和子宫肉阜互相嵌合而成的。猪和马的胎盘为弥散型胎盘,是由绒毛膜上密布的绒毛与子宫内膜的凹陷部分互相嵌合而成。

胎盘是胎儿与母体进行物质交换的器官。胎儿与母体之间的血液并不直接流通,它们之间的物质交换是通过渗透和弥散作用来实现的。胎盘的渗透和弥散作用是具有选择性的,它既能保证胎儿获得有益的物质,又可保护胎儿不受有害物质(如细菌、寄生虫卵等)的影响。此外,胎盘还具有内分泌功能,它所产生的雌激素、孕酮和促性腺激素,对于维持妊娠是非常重要的。

3. 妊娠时母体的变化

雌性动物妊娠后,为了适应胎儿的生长发育,各器官系统的生理机能都要发生一系列的变化。

①妊娠黄体分泌大量孕酮,促进受精卵附植、抑制排卵和降低子宫平滑肌的兴奋性;在雌激素的协同下,刺激乳腺腺泡生长,使乳腺发育完全,为泌乳做好准备。

②随着胎儿的生长发育,腹腔内脏器官受子宫挤压向前移动,引起消化、循环、呼吸和排泄等一系列变化:a. 呈现浅而快的胸式呼吸;b. 血浆容量增加,血液凝固能力提高,血沉加快;c. 到妊娠末期,血中碱储减少,出现酮体,形成生理性酮血症。

③母体为适应胎儿发育的特殊需要,妊娠期间某些内分泌腺的活动加强,出现甲状腺、甲状旁腺、肾上腺和垂体的妊娠性增大和机能亢进。如母体代谢增强,妊娠前期食欲旺盛,对饲料的消化和吸收能力提高,因而母畜显得肥壮,被毛平直而光亮。妊娠后期,由于胎儿迅速生长,母体需更多的营养,如果此时饲料和饲养管理条件稍差,就会逐渐消瘦。

4. 妊娠期

妊娠期是指从卵受精开始,至胎儿娩出为止的时间。妊娠期的长短,随动物的品种、胎儿性别和数目、年龄和饲养管理等条件而不同。各种动物的妊娠期见表10-4。

表10-4　各种动物的妊娠期　　d

动物种类	平均妊娠期	变动范围	动物种类	平均妊娠期	变动范围
猪	115	110～140	驯鹿	225	195～243
牛	282	240～311	犬	62	59～65
水牛	310	300～327	猫	58	55～60
羊	152	140～169	兔	30	28～33
马	340	307～402	骆驼	365	335～395
驴	380	360～390			

五、分娩

母体妊娠期满,将发育成熟的胎儿排出体外的生理过程成为分娩。

(一)分娩过程

分娩主要靠子宫强烈的节律性收缩(阵缩)和腹肌、膈肌强烈的收缩(努责)将胎儿、胎衣排出体外。一般可分为开口期、胎儿产出期和胎衣排出期。

1. 开口期

从子宫间歇性收缩开始，到子宫颈口完全开张为止。子宫在开口期内发生阵缩，开始阵缩频率低，持续时间短。以后阵缩的频率、强度和持续时间逐渐加大、加长。

子宫颈开张，一方面是松弛素和雌激素的作用促使子宫颈变软；另一方面是由于子宫肌的收缩迫使子宫颈开张。

2. 胎儿产出期

从子宫颈完全开张至胎儿排出为止。这一时期内除阵缩外，还发生努责，羊膜和胎儿前部进入骨盆时，反射性地引起膈肌和腹肌收缩。

动物在产出期表现烦躁不安、时常起卧，前肢刨地，回顾腹部，呼吸和脉搏加快。最后侧卧，四肢伸直，强烈努责。

3. 胎衣排出期

从胎儿排出后到胎衣完全排出为止。胎儿排出后，经一段时间子宫肌重新收缩，使胎衣排出。猫、犬等动物胎衣常随胎儿同时排出。

各种动物分娩各阶段所需时间见表 10-5。

表 10-5　各种动物分娩各阶段所需时间

动物种类	开口期	胎儿产出期	胎衣排出期
猪	3～4 h	10 min 每头	10～60 min
羊	4～5 h	0.5～4 h	0.5～4 h
牛	1～12 h	0.5～4 h	12～18 h
马	1～24 h	10～30 min	2 h 内
犬	3～6 h		
兔	20～30 min		
猫		2～6 h	

(二)分娩机理

分娩的发动是由多种因素相互协调、共同完成的。这些因素包括来自母体或胎儿的激素、神经和机械刺激等。

1. 机械因素

随着胎儿生长发育，子宫扩张，子宫承受压力增大，到一定程度时可以反射性引起子宫收缩。

2. 免疫排斥

胎儿发育成熟时，胎盘发生脂肪变性，并与母体分离，母体将其视为异物，而发生免疫排斥反应，将胎儿连同胎盘排出体外。

3. 母体激素的作用

(1)孕酮与雌激素　母体在分娩前孕酮含量显著下降，雌激素含量大量增加，使子宫肌对催产素的敏感性增加。

(2)催产素　在分娩时催产素起重要作用。临近分娩时，母体孕酮含量降低，雌激素分泌量升高，可导致催产素释放，在其作用下，子宫肌收缩，促进子宫娩出胎儿。

(3)前列腺素　前列腺素除具有溶黄体作用外，也可直接刺激子宫肌收缩，还能使孕酮分泌减少，刺激垂体释放催产素。

(4)松弛素　妊娠动物卵巢黄体、胎盘及子宫产生松弛素。松弛素能使骨盆韧带松弛、骨盆扩张；也能使雌激素作用后的子宫颈松软、产生弹性和扩张。

4. 胎儿激素的作用

实验表明，羊、猪、牛胎儿血液中的皮质醇含量在分娩前都显著增加，胎儿皮质激素通过引起胎盘前列腺素、雌激素的大量分泌，间接发挥促进分娩作用。

5. 外周神经的作用

在分娩前，当子宫颈和阴道受到胎儿前置部分的刺激时，能通过荐部脊髓反射性地引起垂体释放催产素，增强子宫收缩。子宫肌中的交感神经纤维还能提高子宫肌对催产素的敏感性，并促使子宫收缩。

知识点四　禽类生殖生理

一、雄禽生殖生理

雄禽的生殖生理活动由其生殖系统来完成。其特点是睾丸位于腹腔内，形成精子和分泌雄激素；精子主要在输精管中成熟和储存，没有精囊腺、前列腺、尿道球腺等副性腺，外生殖器一般发育不全。影响雄禽生殖的因素主要有光照、环境温度、年龄、遗传性、营养等。

(一)精液

精液由精子和精清组成。

1. 精子

与哺乳动物相比，禽类的精子呈细长的纤维状，体积较小。精子在细精管形成后，即进入附睾管和输精管，主要在输精管中成熟和储存。公鸡一次排出的精液量平均为 0.12～1 mL。禽类频繁交尾时，射精量和精子数都会减少。禽类的精子射出后，在体外有较强的活力，对温度变化的耐受范围较宽(2～34℃)。禽类的精子在雌禽生殖道内保持受精能力可达数周之久。

2. 精清

精清是精液的液体部分。禽类没有副性腺，其精清主要是阴茎海绵组织中的淋巴滤过液。

(二)交配和受精

就禽类而言，交配对于雌禽产蛋并非必需。但为了繁殖后代，则一定要通过交配或人工授精形成合子，才能孵化出幼雏。

禽类卵受精的部位仅局限于输卵管漏斗部，卵排入输卵管漏斗部后，如在 15 min 内与精子相遇，即可受精。鸡在交配或授精后在 2～3 d 内受精率最高，在最后一次交配或授精后的 5～6 d 内仍有良好的受精率。一般认为，鸡在下午进行交配或授精较适宜，有利于提高受精率。

二、雌禽生殖生理

雌禽生殖生理活动由雌禽生殖系统来完成，其突出特点是卵生。雌禽为适应卵生的需要，在蛋的形成过程中发生一系列显著变化，主要表现为：没有发情周期；只有左侧卵巢和输卵管发育完全；胚胎不在母体内发育，而在体外孵化，没有妊娠过程；在一个产卵周期，能连续产卵；卵泡排卵后不形成黄体；卵中含有大量卵黄和蛋白质，可满足胚胎发育的全部需要，卵外包有坚硬的卵壳。

(一)卵的形成、发育和排卵

1. 卵的形成和发育

雌雏在胚胎孵化的中期，卵巢生殖上皮就开始增殖，并生成许多卵原母细胞。雌雏出壳后，形成初级卵母细胞，至排卵前形成次级卵母细胞。处于次级卵母细胞阶段的卵排出后，在输卵管漏斗部与精子相遇并受精，则次级卵母细胞转变为成熟卵。

2. 排卵规律及其调节

在自然光照条件下，排卵常在早晨进行，午后排卵现象较为罕见，此外排卵时间都在上次产蛋之后，母鸡一般在产蛋后的 15～75 min 开始排卵。

排卵受腺垂体所分泌的黄体生成素调节。鸡在排卵前 6～8 h 血浆中黄体生成素含量出现高峰。此外，孕酮对排卵也有一定的调节作用，小剂量孕酮能引起垂体分泌黄体生成素，诱发排卵；大剂量孕酮对垂体释放黄体生成素起负反馈作用，使排卵延迟或受到抑制。

(二)蛋的形成和产蛋

1. 蛋的形成

蛋黄是在卵巢形成的，蛋白、壳膜和蛋壳是在输卵管各段形成的。

(1)蛋黄　是由肝脏合成，经血液循环转运到卵巢的卵泡中逐渐蓄积形成的卵黄物质。主要成分是卵黄蛋白和磷脂。卵黄物质在卵中以同心圆的成层排列方式沉积，每昼夜可形成相间排列方式沉积，与体内物质代谢尤其是叶黄素含量的昼夜间差异有关。在排卵时，输卵管前端的伞状漏斗开始活跃，将卵巢排出的卵细胞卷入，并将卵细胞沿输卵管向后端移送。卵在漏斗部停留时间为 15～25 min，此处也是受精部位。在输卵管壁肌肉收缩的作用下，卵黄被后移。在此过程中，卵黄外依次形成蛋白、壳膜和蛋壳。

(2)蛋白　卵到输卵管膨大部，并在此处停留 3 h，膨大部的大量腺体，分泌浓稠的胶状蛋白围绕在卵黄的四周，构成蛋的全部蛋白。

(3)壳膜　在输卵管推动下至峡部，并在此处停留约 1.25 h，形成主要由角蛋白和少量碳水化合物组成的内外壳膜。在蛋白的钝端部，两层壳膜互相分离，形成气室，其内贮有空气，满足禽胚在早期发育阶段对氧的需求。

(4)蛋壳　卵在子宫部停留 19～20 h。子宫黏膜下有壳腺细胞，能分泌大量钙盐和少量蛋白质。在壳膜上有许多小突起，是钙盐沉积的部位。当卵到达壳腺部后，壳腺细胞即开始从血液中转运钙，沉积在壳膜上形成蛋壳。蛋壳的色素在子宫内最后 4～5 h 形成。

(5)壳外膜　前述形成的蛋，当其通过阴道产出时，在蛋壳上被覆一层薄的透明角质，称为壳外膜。有防止蛋内水分蒸发、阻止蛋外微生物侵入和润滑阴道部等作用。

从卵黄进入输卵管到蛋完全形成，大约需要 25 h(表 10-6)。

2. 产蛋

家禽产蛋大多数是连续性的。连续多天产蛋后，停产 1～2 d。然后又连续多天产蛋，又停产 1～2 d。如此循环就叫作产蛋周期。

表 10-6 蛋的形成

部位	对蛋的形成的作用	需要时间
卵巢	蛋黄	7～9 d
输卵管	所有非蛋黄部分	24～25 h
漏斗部	受精	15 min
膨大部	形成蛋白	3 h
峡部	形成壳膜	1.25 h
子宫部	形成蛋壳	19～20 h
阴道部	形成保护膜，蛋的产出	1～10 min

知识链接

光照对产蛋的影响

科学研究表明，脑垂体可释放促黄体生成素对禽体排卵有重要影响，光照可通过刺激下丘脑而影响脑垂体的内分泌机能。因此，养禽业中广泛运用人工延长光照的办法来提高产蛋率，效果显著。

蛋在输卵管中完全形成后，在输卵管的强烈收缩作用下很快产出，禽类神经垂体所释放的8-精催产素能激发子宫收缩，是引起产蛋的主要激素。蛋在输卵管内停留期间，蛋的尖端始终朝后，在即将产出时，蛋在壳腺部旋转180°，钝端向后产出，蛋产出时，阴道和泄殖腔外翻，蛋不与泄殖腔直接接触，使产出的蛋表面比较干净。

(三)抱窝

抱窝也称就巢性，是多数雌禽的母性行为，表现为愿意孵卵和育雏，在抱窝期间，卵巢萎缩，停止产蛋。

就巢性受激素刺激控制，催乳素能引起就巢。注射雌激素或雄激素能终止抱窝。但随着现代育种业的发展，家禽的就巢性正在逐渐消失。

知识点五 泌乳

一、乳腺的发育

(一)乳腺的形态位置和结构

母牛有两对乳腺，母马、母羊仅有一对，都位于耻骨部的腹下壁上，两大腿之间。母猪的乳数依品种而异，一般为5～8对，位于胸后部、腹部、正腹中线的两侧。下面以牛的乳腺为例，说明其形态结构。

母牛的四个乳腺紧密结合在一起。左、右以纵沟为界，前后以横沟为界。每个乳腺均可分为基底部、体部和乳头部。基底部紧贴腹壁，向下膨大的部分为乳腺的体部，乳头多呈圆柱形或锥形，乳头顶端有一个乳头孔，为乳头管的开口。

乳腺的最外面是皮肤，有薄而柔软、长而稀疏的被毛，在乳房的后部到阴门之间，有明显的带状毛流的皮肤褶，叫乳镜。乳镜和产乳能力有一定关系。乳镜愈大。乳房愈舒展，它所含的乳汁就愈多。皮肤的内面是浅筋膜，浅筋膜的深面含有丰富弹性纤维的深筋膜。深筋膜在两侧乳腺间形成乳房中隔，并向腹下壁延伸，形成悬吊乳腺的悬韧带。

乳腺的内部由实质和间质两部分组成。间质指来源于深筋膜的结构组织小梁（它们把乳腺分为许多小叶）和包围在腺泡周围的结缔组织。在间质内还含有血管、神经和淋巴管。实质包括腺泡和导管。腺泡呈泡状或管状，泌乳期的腺泡是中空的。形成腺泡腔，腔的周围是腺上皮细胞，具有泌乳的机能。腺上皮细胞的外面，分布有呈星状的分支的管道与腔道。导管起始于与腺泡腔相连的细小乳导管，它们相互汇合成小叶间输出管，然后再汇集成各级输出管，最后注入乳池。乳池是乳房下部及乳头内贮存乳汁的较大腔道，乳汁经由乳池，再经乳头管排出，乳头管的开口处有括约肌控制。

（二）乳腺的发育

雌雄性家畜在幼年期，乳腺没有明显区别。随着家畜的生长发育，雌畜乳腺中的结缔组织和脂肪组织增多，使乳腺的体积明显地超过雄畜，但乳腺中的腺组织还没有发育。当雌畜性成熟后，卵巢开始分泌雌激素，促使乳腺的导管系统生长发育。雌畜妊娠后，卵巢和胎盘分泌孕酮，由于孕酮的作用，促使乳腺的腺泡生长发育。到妊娠中期，腺泡逐渐出现分泌腔，腺泡和导管的腺泡不断增大，并逐渐代替脂肪组织和结缔组织。乳房中的血管和神经纤维也显著增加。到妊娠末期，腺泡的上皮出现分泌机能。临近分娩时，腺泡分泌初乳。分娩后，乳腺开始正常的泌乳活动。经过一定时期的泌乳后，腺泡体积逐渐缩小，乳腺实质慢慢被结缔组织所代替，称为乳腺回缩。到第二次妊娠后，乳腺实质重新生长发育，并于分娩后开始第二次泌乳活动。为了完成上述乳腺的改建过程，所以母牛需要有 40～60 d 的干乳期。

乳腺的发育受激素的影响。卵巢分泌的雌激素和黄体分泌的孕酮可刺激乳腺的发育，催乳素、生长激素、促肾上腺皮质激素和肾上腺皮质激素也有类似的作用。

乳腺发育还受神经系统的调节。刺激乳房的感受器，可发出神经冲动到中枢，然后再通过直接支配乳腺的传出神经或体液途径，显著地影响乳腺的发育。在畜牧实践中通过按摩初胎母牛的乳房，能增强乳腺的生长发育，使其在产仔后泌乳量增加。

二、乳汁

乳腺的腺泡上皮细胞，从血液中摄取营养物质生成乳汁后，分泌入腺泡腔内的过程，称为乳的分泌。

知识链接

初乳对初生仔畜的影响

初乳中球蛋白和白蛋白易被小肠吸收，有利于仔畜的生长发育。球蛋白又是抗体物质，故对仔畜预防传染病有一定作用。初乳中还含有大量维生素和各种无机盐，其中特别富含镁盐。镁盐有缓泻作用，能促进仔畜排出胎粪。所以，初乳对初生仔畜是极为重要的。

(一)初乳

母畜分娩后 3～5 d 内所分泌的乳叫初乳。它是一种浓稠、黄色而又有特殊气味的乳汁。煮沸时可以凝固。初乳中含有丰富的球蛋白和白蛋白，但酪蛋白较少(表 10-7)。

表 10-7　乳牛初乳化学成分的逐日变化情况　%

项目	产犊后天数/d						
	1	2	3	4	5	8	10
干物质	24.58	22.0	14.55	12.76	13.20	12.48	12.53
脂肪	5.4	5.0	4.1	3.4	4.6	3.3	3.4
酪蛋白	2.68	3.65	2.22	2.88	2.47	2.67	2.61
白蛋白及球蛋白	12.40	8.41	3.02	1.80	0.97	0.58	0.69
乳糖	3.34	3.77	3.77	4.46	3.88	4.89	4.74
灰分	1.20	0.93	0.82	0.85	0.81	0.80	0.76

(引自陈杰主编《家畜生理学》第 4 版)

(二)常乳

初乳期过后，乳腺所分泌的乳称为常乳。各种哺乳动物的乳都含有水、蛋白质、脂肪、无机盐、酶和维生素等(表 10-8)。

表 10-8　几种家畜乳的化学成分表　%

畜别	水	脂肪	蛋白质	乳糖	灰分
乳牛	87.2	3.8	3.5	4.8	0.7
牦牛	82	6.5	5.0	5.6	0.9
山羊	86.9	4.1	3.5	4.6	0.9
绵羊	82.1	6.7	5.8	4.6	0.8
马	89	2.0	2.0	6.7	0.3
水牛	82.2	7.5	4.3	5.2	0.8

乳中的蛋白质主要是酪蛋白，其次是乳白蛋白和乳球蛋白。酪蛋白在胃内遇酸后，就会由液体凝集为固体，有利于延长其在胃内的消化时间。乳中的脂肪叫乳脂，它们形成很小的脂肪球悬浮于乳汁中，但经强烈振动时，脂肪球就互相黏合而析出。乳中唯一的糖类是乳糖，可被乳酸菌分解为乳酸。乳中的无机盐包括钠、钾、钙、镁的氯化物，磷酸盐和硫酸盐等，但乳中铁的含量通常不足。

三、乳的分泌

乳是在神经和体液调节下，经过复杂的生理生化过程而产生的。这个过程是在乳腺泡的上皮细胞中进行的。当大量血液流经乳腺血管时，腺泡上皮细胞能选择地吸收血液中的营养物质，并将其中的一部分物质浓缩，而将另一部分物质经酶的作用改造成乳的成分。如乳中的酪蛋白是由血液中的氨基酸合成的；乳糖则是由血液中的葡萄糖合成的，乳中的球蛋白、酶、维生素、无机盐则是乳腺上皮细胞由血液选择性地吸收后加以浓缩而形成的。

由上可知，泌乳家畜的血液成分在很大程度上决定着乳的质量，而泌乳家畜的日粮构成、消化系统的活动状况、循环系统活动状况等都可直接影响血液的成分，从而间接影响乳的生成。因此，有关器官发生疾病时常常使泌乳量降低。

此外，乳的生成还受下列因素的影响：

（1）乳腺内压的影响　当乳腺的腺泡腔和导管系统充满乳汁时，可使乳腺内压迅速升高，以致压迫乳腺内毛细血管，阻碍对乳腺的血液供应，使泌乳能力减弱。而哺乳或挤乳后，乳腺内压下降，泌乳能力增强。故及时挤乳能提高泌乳量。有资料表明，在挤乳后的9～11 h内泌乳处于高潮，并相当稳定，然后快速下降，如果不进行挤乳，那么在上次挤乳后的35 h之后泌乳就会停止。

（2）激素的影响　催乳素、肾上腺素和甲状腺素分泌不足，都会影响乳的生成，使泌乳量降低。

（3）神经系统的影响　支配乳腺的神经受到损伤，也可引起乳腺血液供应缺乏，使泌乳量降低；乳的生成还受大脑皮层的控制，突然改变泌乳家畜的生活环境和饲养管理条件以及给予不良刺激都能影响乳的生成。

四、排乳

哺乳或挤乳可引起乳腺系统紧张性改变，使贮积在腺泡和乳导管系统的乳迅速流向乳池，这一过程称为排乳。

排乳是一个复杂的反射过程。哺乳或挤乳刺激乳头的感受器，使其兴奋，并沿传入神经传到腺泡及乳导管，一方面引起垂体后叶释放催产素入血，经血液循环运送到腺泡，引起腺上皮细胞的收缩，腺泡乳就流入导管系统；另一方面通过传出神经引起输出管和乳池平滑肌的收缩乳池内压升高，乳头括约肌开放，于是乳汁排出体外。

哺乳或挤乳开始后，乳腺的肌上皮细胞与各级输出管平滑肌的剧烈收缩，牛一般仅持续3～5 min。所以挤乳必须迅速进行，争取挤出更多的腺泡乳，尽量使乳房中的乳彻底排出。这样，不但能直接提高本次的挤乳量和乳脂率，而且还可提高下次乳的生成速度。

挤乳反射是受大脑皮层控制的。因此，挤乳的时间、地点、各种挤乳设备、挤乳操作及其他疼痛等异常刺激均可引起排乳反射的抑制（即平时所说的停奶）。这是因为上述不良刺激，可阻止垂体后叶释放催产素，并能引起肾上腺素髓质释放肾上腺素，使乳房小动脉收缩，到达肌上皮细胞的催产素大为减少。从而引起肌上皮细胞收缩的抑制，腺泡乳排出减少，导致产奶量下降，甚至完全不排乳。

复习思考

1. 名词解释：性成熟；性季节；发情周期；排卵；受精；妊娠；分娩。
2. 认识性成熟和体成熟的内涵对生产实践有何指导意义？
3. 动物的排卵方式有哪些？
4. 简述受精的过程。
5. 如何掌握各种动物配种的时机？
6. 说明蛋的形成过程。

实训指导

实训一　家禽血液样品的采集

一、教学目标

了解家禽血样采集的方法。

二、实训准备

鸡、干棉球、酒精棉球、采血针、注射器、抗凝剂等。

三、实训方法

教师示教，然后学生分组操作。

四、操作步骤

1. 鸡冠采血法

用于需要少量血液的采血，用采血针或针头刺破鸡冠吸取血液，然后消毒伤口即可。

2. 翼下静脉采血法

先将鸡侧卧保定，露出腋窝部，拔去该部羽毛，可见翼下静脉。压迫翼下静脉的近心端，使血管怒张，消毒后，用装有针头的注射器，由翼根向翅膀方向沿静脉平行刺入，见回血后抽出血液。一只成年鸡可采血 10～20 mL，注意抽血时一定要缓慢。采完血后要压迫止血。

3. 鸡心脏刺入采血法

将鸡仰卧保定，穿刺部位是从胸骨脊前端到背部下凹处连接线的 1/2 点，选心跳最明显的部位把注射针垂直刺入心脏 2～3 cm，血液即流入针管。心脏采血时所用的针头应细长些，以免发生采血后穿刺孔出血。

五、讨论分析

翼下静脉采血时抽血为什么要缓慢？

实训二　血液组成

一、教学目标

了解血液的组成，区别血浆、血清及纤维蛋白。

二、实训准备

抗凝血，脱纤血，自然凝固血、血清及纤维蛋白。

三、实训方法

教师示教，然后学生分组操作。

四、操作步骤

(1)取自然凝固血(用试管采血制成斜面)的标本，观察上清液的成分。

(2)取抗凝血(加 3.8%柠檬酸钠溶液)的标本，观察上层、中层和下层有什么区别，各为什么成分。

(3)取脱纤血(用玻璃瓶加少量玻璃球，采血后充分震荡)的标本，经过静止后，观察上清液的成分。

(4)取纤维蛋白(脱纤血用纱布滤过，即得纤维蛋白)标本，进行观察。

实训三　血液凝固观察

一、教学目标

观察影响血液凝固的各种因素。

二、实训准备

兔子、抗凝血、血浆、脱纤血、血清、3.8%柠檬酸钠溶液、0.1%氯化钙溶液、注射器、试管、水浴锅、吸管、滴管、试管架。

三、实训方法

教师示教，然后学生分组操作。

四、操作步骤

(1)用 5 mL 注射器，先吸取 1 mL 3.8%柠檬酸钠溶液，取兔心脏采血 4 mL。然后注入试管内观察血液是否发生凝固。

(2)取试管一支，放入柠檬酸钠血 1 mL，然后用滴管滴 1～2 滴 0.1%氯化钙，经几分钟后观察是否发生凝固。

(3)取柠檬酸钠血 1 mL，加血清 1 mL，观察是否发生凝固。

(4)取试管 3 支，其中一支涂一层流动石蜡，另一支加少量棉花，第三支是不加任何处理的对照管。兔心脏采血后，往各试管中加入等量血液，观察各试管血液凝固的速度如何。

(5)取试管 3 支，其中一支置于冰块中，另一支则置于 37℃水浴中，第三支置于室温中对照，然后向各试管中加等量新采的血液，观察各试管血液凝固的速度。

(6)取加热血清(60℃热水中加热 10 min)0.5 mL，冷却后再加柠檬酸钠血 0.5 mL，观察是否发生凝固。

实训四　红细胞渗透脆性的测定

一、教学目标

观察红细胞在低渗溶液中的溶血现象并测定红细胞膜对不同浓度的低渗溶液的渗透脆性。

二、实训准备

抗凝血、小试管10支、0.1%氯化钠溶液、蒸馏水、吸管、试管架、滴管。

三、实训方法

教师示教，然后学生分组操作。

四、操作步骤

(1)取小试管10支，编号后，按实表1所示的成分，分别加入试管。

实表1　试管中成分

项目	1	2	3	4	5	6	7	8	9	10
1%NaCl/mL	1.40	1.30	1.20	1.10	1.00	0.90	0.80	0.70	0.60	0.50
蒸馏水/mL	0.60	0.70	0.80	0.90	1.00	1.10	1.20	1.30	1.40	1.50
NaCl浓度/%	0.70	0.65	0.60	0.55	0.50	0.45	0.40	0.35	0.30	0.25

(2)用滴管取血，在每个试管中各加1滴，混合均匀。在室温放置2 h或用离心机离心沉淀5 min，观察结果。

(3)判定：

①记录开始溶血和完全溶血的两管氯化钠溶液。前者为红细胞的最小抵抗力，后者为红细胞的最大抵抗力。

②判定标准：未发生溶血者，血细胞下沉于管底，上液无红色；完全溶血者，上液呈红色，肉眼观察管底有无红细胞。

实训五　红细胞计数

一、教学目标

学习红细胞计数的原理并掌握血细胞计数方法。

二、实训准备

一次性微量吸管、乳胶吸头、试管、棉球、显微镜、改良 Neubauer 计数板、红细胞稀释液(Hayem 液)、末梢血或静脉血。

三、实训方法

教师示教,然后学生分组操作。

四、操作步骤

(1)将红细胞稀释液 2 mL 于一中号试管中,塞紧管口,并擦净血细胞计数板及盖玻片。

(2)用吸管吸取血液 10 mL,插入试管中红细胞稀释液的底部,轻轻放出血液,并吸取上层稀释液清洗吸管 2～3 次。

(3)将试管中血液与稀释液充分混匀后,取细胞悬液 1 滴冲入血细胞计数板内,静置 2～3 min,使红细胞下沉。

(4)用高倍镜计数血细胞计数板中央大方格内的四角和中央共 5 个中方格内红细胞数量 N(实图 1)。

(5)计算:红细胞$=\frac{N}{80}\times 400\times 10\times 200\times 10^{6}=N\times 10^{10}$/L。

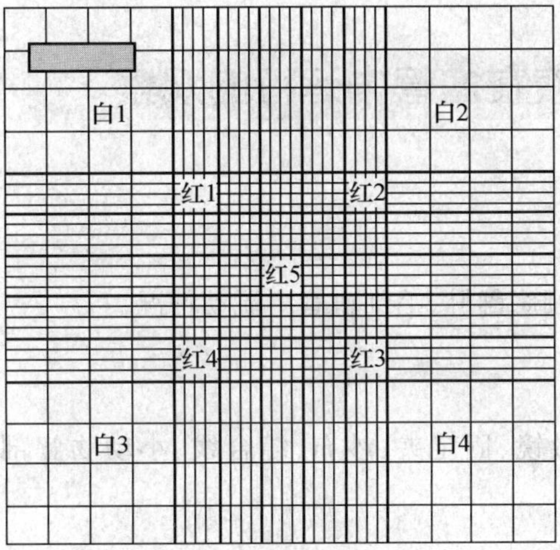

实图 1　红细胞计数板

实训六　血红蛋白测定

一、教学目标

通过实验掌握血红蛋白测定的方法,并理解血红蛋白测定原理。

二、实训准备

试管、刻度吸管、微量吸管、吸头、分光光度计（比色杯）、氰化高铁血红蛋白（HiCN）转化液。

三、实训方法

教师示教，然后学生分组操作。

四、操作步骤

(1)取血 20 μL，加入 5 mL 转化液中充分混匀，静置 5 min。

(2)分光光度计测定：波长 540 nm 处，光径（比色杯内径）1.0 cm，HiCN 转化液调零，测定吸光度（A）。

(3)计数：Hb(g/L)＝测定管吸光度×64 458/44 000×251＝测定管吸光度×367.7。

注意：

①式中的 64 458 是国际公认的血红蛋白分子质量 64 458 g/L，即为 1 mmol/L 血红蛋白的物质浓度，除以 1 000 换算为 g/L。

②44 000 是 1 mmol/L 血红蛋白在 1.00 cm 光径、540 nm 条件下的吸光系数。251 是稀释倍数。

实训七　血液在血管中运行的观察

一、教学目标

了解血液在活体的动脉、静脉、毛细血管中流动情况。

二、实训准备

青蛙、有孔蛙板、显微镜、固定夹、纱布、缝合线、小动物解剖器、生理盐水、0.1％肾上腺素。

三、实训方法

教师示教，然后学生分组操作。

四、操作步骤

(1)用纱布包裹蛙身，使其头部露出，左手持蛙身，右手持剪刀，将其上腭连眼剪断，去掉蛙脑，或用探针沿枕骨大孔刺入脑腔，破坏脑髓。

(2)用探针刺入椎管，上下抽动，破坏脊髓。抽出探针，以脱脂棉填塞伤口，防止出血。

(3)从胸骨剑突下沿正中线将皮肤向头部剪开，再用剪刀剪开腹壁，沿胸骨两侧向头部剪开胸腔，并用镊子将胸骨向上拉起，剪去胸骨及胸肌，暴露不断跳动的心脏。注意观察、识别心脏及连接心脏的动脉、静脉血管。

(4)将青蛙置于有孔蛙板上，拉出一段小肠，展开肠系膜置于蛙板大孔上，以大头针固定，并以生理盐水湿润。将蛙板放于显微镜载物台上，蛙板大孔对准物镜，进行观察。

①以低倍镜找出一条动脉、一条静脉。注意两者口径的大小、管壁的薄厚、血流方向、血流速度以及颜色有何特征。

②注意血管中的血柱，在血管中运行的和靠近管壁的是什么细胞？血流速度有何不同？

③观察毛细血管的血流情况、血流速度和血细胞流经毛细血管的特点。

④用一小片滤纸将已观察过的肠系膜上的生理盐水吸干，然后滴加 1 滴 0.1%肾上腺素，观察血管舒缩、血流速度、血浆和血细胞渗出等现象。

五、注意事项

在固定肠管时注意不要破坏肠系膜。

实训八　心音听取

一、教学目标

听取各种家畜的正常心音及初步掌握听诊的方法。

二、实训准备

实验家畜、听诊器。

三、实训方法

教师示教，然后学生分组操作。

四、操作步骤

1. 听诊部位

各种家畜心脏的位置一般都在第 3～6 肋间，稍偏左侧。所以听诊心音时应站在动物的左侧。

2. 牛和马心音听诊

使动物处于自然站立的姿势，并做适当保定，以免其走动和踢咬。听诊者以右手支持动物的鬐甲部或肩部，左手持听诊器。将听诊器头贴靠在左侧第 3～6 肋间，胸腔下 1/3 水平线上，然后选取心音最强的一点进行听诊。注意第一心音与第二心音的特征，区别它们，并记录每分钟的心跳次数。

3. 羊和猪的心音听诊

方法与牛、马相似，可使动物站立，也可取右侧卧的姿势。

五、注意事项

听诊心音时要将动物保定，注意安全。

实训九　脉搏检查

一、教学目标

掌握各种家畜的脉搏检查方法。

二、实训准备

实验家畜。

三、实训方法

教师示教，然后学生分组操作。

四、操作步骤

1. 牛的脉搏检查

检查部位以尾中动脉为最好。检查者站在牛的正后方，左手将牛尾巴略提起。在尾的上半部，用右手的食指和中指深入尾的腹面，拇指放在尾的背面，轻压腹面正中的尾中动脉，记录脉搏次数。

2. 马的脉搏检查

检查部位以颌外动脉为最好。检查者站在马的左侧，以左手紧握马笼头，右手以食指、中指和拇指沿下颌骨的下缘，前后触摸。在血管切迹附近，可摸到颌外动脉似一条橡皮管在手指下滑动，并可感到它的跳动，即为脉搏。记录每分钟的次数。

3. 羊和猪的脉搏检查

一般都检查股动脉。检查者蹲在动物的侧后方，一手握住其后肢，另一手伸入股内侧，可摸到股动脉，记录其脉搏次数。

五、注意事项

脉搏检查时要将动物保定，注意安全。

实训十　心脏活动观察

一、教学目标

观察蛙心活动过程和心脏的自动节律性。

二、实训准备

蛙、小动物解剖器、蛙板、大头针、蛙心夹、细线、蛙心套管、任氏液。

三、实训方法

教师示教，然后学生分组操作。

四、操作步骤

1. 暴露心脏

取蛙，破坏脑脊髓，将蛙仰卧于蛙板上，用大头针固定四肢。用镊子提起胸骨下方的腹部皮肤，用小刀剪一小口，将剪刀由切口深入皮下，向两侧下颌角方向剪开皮肤。再用镊子提起胸骨，将剪刀伸入胸腔内，小心地沿中线剪开胸骨。暴露被心包膜包裹的心脏，用镊子提起少许心包膜，用小剪刀将其剪破，心脏即露出。

2. 观察心搏过程

观察心房和心室搏动顺序及频率，同时注意心室收缩时容积和颜色的变化。

3. 制作离体心脏

(1)在动脉干下穿一条线做虚结。

(2)将蛙心翻向头侧，找出静脉窦(心脏下端呈紫色的膨大部分)，在其下方后腔静脉处，引线进行结扎。

(3)用小剪刀在动脉干左侧分支的根部剪一小斜口(不能剪断)，然后将盛有少量任氏液的蛙心套管由切口处插入动脉。继而再转向心室方向，经主动脉瓣插入心室内。如插的准确可看到套管内的任氏液面随心搏而上下移动。

(4)结扎动脉干的固定细线，将余线结扎在套管的玻璃钩上，加以固定。用小剪刀剪断动脉干，然后再剪断后腔静脉，制备好离体心脏。

4. 观察心脏自动节律性

用任氏液冲洗离体心脏，并不断更换套管内的任氏液，观察离体心脏的搏动。

五、注意事项

暴露心脏过程中，剪刀伸入胸腔内，须紧贴胸壁，以免伤及心脏和血管。

实训十一　动脉血压的直接测定及其影响因素观察

一、教学目标

了解直接测定动脉血压的方法，观察某些神经、体液因素对动脉血压的影响。

【原理】动脉血压是心脏和血管功能的综合指标，通常相对稳定，这种相对稳定性是靠神经、体液的调节实现的。神经调节是指中枢神经系统通过反射调节心血管的活动。如交感神经兴奋，末梢释放去甲肾上腺素，使心率加快，动脉血压升高；迷走神经兴奋，末梢释放乙酰胆碱，引起心率减慢，动脉血压降低。体液调节也是影响心血管活动的重要因素，以肾上腺髓质释放的肾上腺素和去甲肾上腺素为主，肾上腺素作用于α、β受体，使心跳加速，血压升高；去甲肾上腺素主要作用于α受体，引起外周血管广泛收缩，增大外周阻力，使动脉血压升高。对心脏作用较小,外源性给予时常由于明显的血压升高而反射性地引起心率减慢。

二、实训准备

大兔1只、手术器械、20%戊巴比妥钠溶液(或其他麻醉剂)、生理盐水、线、肝素生理盐水、动脉套管、二导生理记录仪、0.01%肾上腺素、0.01%乙酰胆碱、保护电极、注射器等。

三、实训方法

教师指导,然后学生分组操作。

四、操作步骤

(1)麻醉。家兔称重后,按500 mg/kg体重由耳静脉注入10%水合氯醛溶液,麻醉后仰卧固定在手术台上。

(2)分离颈部神经和血管。剪去颈部被毛,沿正中线作5～7 cm切口,再沿气管钝性分离皮下组织和肌肉,找到右侧颈动脉、减压神经、迷走神经,在神经下面各穿一条不同颜色的线,颈动脉下面穿两条线。找到左侧颈动脉,穿一根线,并向前分离至分叉处,此即颈动脉窦,在分叉处穿一根线。

(3)动脉插管。用两个动脉夹将右侧颈动脉夹住,用外科剪子在两把止血钳之间剪一小口,把与二导生理记录仪相连的动脉套管(内已充满肝素生理盐水)插入动脉中,插入方向朝向心脏,并用线结扎固定。松开近心端的动脉夹。这时,兔动脉血压通过导管传入记录仪,记录仪描记下一组血压变化曲线。

(4)一切准备就绪后,用一块浸有温生理盐水的纱布盖在手术创口上,开始进行实验。

(5)项目观察。

①观察正常血压曲线:在不进行任何物理刺激或注射化学药品的情况下,描记血压基本曲线,并注意观察心搏动。

②以动脉夹夹住对侧(左侧)颈动脉,血压如何变化,为什么?除去动脉夹待血压恢复正常以后,扯动动脉窦处的提线,给以机械刺激,则血压如何变化?

③用橡皮手套或塑料袋将兔的口和鼻套起,内有少量空气,一段时间后,手套中二氧化碳浓度升高,观察血压有何变化?

④结扎一侧迷走神经,并自结的向心端剪断,血压有无变化?用提线将神经的离心端轻轻提起并进行刺激,血压有何变化?

⑤将另一侧的迷走神经剪断,血压又有何变化?

⑥自耳静脉中注入0.01%肾上腺素0.5 mL,观察血压有何变化?注入肾上腺素后应补充数毫升生理盐水,以使药物全部进入血液循环。

⑦自耳静脉注入0.01%乙酰胆碱0.5 mL,观察血压有何变化?

五、注意事项

①麻醉剂量一定要准确,防止因麻醉过深或过浅而影响实验。

②动脉套管与颈动脉保持平行位置,防止刺破动脉或阻塞血流。

③实验过程中要注意保温。

④每项实验后须待血压基本恢复正常后再进行下一项。

实训十二　胸内压测定

一、教学目标

学习胸内压的直接测定方法，观察呼吸过程中胸内负压的变化，了解胸内负压产生的原理及其意义。

二、实训准备

兔、手术台、手术器械、玻璃分针、线、气管套管、胸腔插管、注射针头（尖端磨圆，侧壁另开数小孔）、橡皮管、水检压计、10％水合氯醛等。

三、实训方法

教师指导，然后学生分组操作。

四、操作步骤

（1）取家兔一只，称重，用10％水合氯醛溶液按500 mg/kg体重由耳缘静脉注射，麻醉后，仰卧位固定于手术台上，剪去颈部和右侧胸部的毛，插入气管套管。

（2）在兔右胸第四、五肋间沿肋骨上缘作一长约1 cm的皮肤切口。将与水检压计相连的粗针头插入胸膜腔后，用胶布将针尾固定于胸部皮肤上。

（3）实验观察和记录。

①胸内负压的观察：当注射针头插入胸膜腔时即可见，水检压计与胸膜腔相通的一侧液面上升，而与空气相通的一侧液面下降，表明胸膜腔内的负压低于大气压，为负压。

②胸内负压随呼吸运动的变化：仔细观察吸气和呼气时，胸内负压描记曲线有何变化？

③用一个与胶管相连的粗针头，穿透胸壁，使胸膜腔与大气相通形成气胸，观察胸内负压和呼吸运动的变化情况。

④迅速关闭创口，用注射针头刺入胸膜腔内抽出气体，观察胸膜腔内压力和呼吸运动的变化情况。

五、注意事项

①插胸内套管时，切口不宜太大，动作要迅速，以免空气漏入胸膜腔过多。

②针头易被血凝块或组织所堵塞，若穿刺较深而未见水柱波动，应转动一下胸内套管或变换角度或拔出看套管是否被堵塞。

③用穿刺针时不要插得过猛过深，以免刺破肺泡组织和血管，形成气胸或出血过多。

实训十三　呼吸运动的调节

一、教学目标

观察各种神经和体液因素对呼吸运动的影响，从而了解其作用机理。

二、实训准备

家兔、10%水合氯醛、3%乳酸溶液、生理盐水、生物信号采集处理系统、呼吸换能器、刺激电极、手术台、玻璃分针、手术器械一套、气管插管、橡皮管、注射器、CO_2 球胆、纱布、棉线等。

三、实训方法

教师指导，然后学生分组操作。

四、操作步骤

(1)取家兔一只，称重，用10%水合氯醛溶液按500 mg/kg体重由耳缘静脉注射。麻醉后，仰卧位固定于手术台上，剪去颈部兔毛，沿颈部正中线做3～4 cm长的切口，分离颈部两侧的迷走神经，穿线备用。分离出气管，在2～3气管环处，作一"T"形切口，插入气管插管。

(2)在兔胸骨剑突下方的皮肤上穿一根细线，打结后将线尾联呼吸换能器引入生物信号采集系统即可。

(3)描记一段正常呼吸曲线，观察正常呼吸运动与曲线的关系。

(4)增大无效腔：夹闭一侧气管套管，呼吸平稳后，另一侧套管接一段约50 cm长的橡皮管，可增加呼吸无效腔。动物通过此橡皮管呼吸，观察呼吸运动的变化，结果明显后去掉橡皮管恢复正常呼吸。

(5)缺 O_2：用止血钳闭塞气管套管上连接的橡皮管，观察憋气的效应。

(6)增加吸入气中 CO_2 浓度：将装有 CO_2 的球胆管与气管套管联通，打开球胆管的夹子，使一部分 CO_2 随着兔吸气进入气管，观察吸入高浓度 CO_2 后对呼吸运动的影响。

(7)增加血液中 H^+ 浓度：用注射器由耳缘静脉较快地注入3%乳酸2 mL，观察血液中酸性物质增多的效应。

(8)迷走神经的作用：描记一段对照曲线后，先切断一侧迷走神经，观察呼吸运动，再切断另一侧迷走神经，呼吸频率有何改变？

五、注意事项

(1)气管插管内壁必须清理干净后才能进行插管。

(2)气流不宜过急，以免直接影响呼吸运动，干扰实验结果。

(3)当增大无效腔出现明显变化后，应立即打开橡皮管的夹子，以恢复正常通气。

(4)经耳缘静脉注射乳酸要避免外漏引起动物躁动。

(5)每一项前后均应有正常呼吸运动曲线作为比较。

实训十四　胃肠运动观察

一、教学目标

观察胃肠运动的各种形式及其影响因素。

二、实训准备

兔、手术台、手术器械、注射器、电疗机、保护电极、10％水合氯醛、丝线、生理盐水、0.01％肾上腺素、0.01％乙酰胆碱。

三、实训方法

教师指导，然后学生分组操作。

四、操作步骤

(1)兔称重，用10％水合氯醛溶液按每500 mg/kg体重由耳缘静脉注射。麻醉后，仰卧位固定于手术台上，剪去颈部与腹部被毛。切开颈部皮肤，分离出一侧迷走神经，并于其下穿线备用。

(2)沿腹中线切开皮肤暴露腹腔，先熟悉一下各种脏器的正常位置，而后将腹腔中的脏器推至右侧，在其左侧肾上腺附近找出内脏大神经，于其下穿一提线备用。手术完成后应立即将兔体腹部剖开部分，用浸有温生理盐水(37℃左右)的纱布蒙住所有外露部分，并不时地向温纱布上滴加温生理盐水，以保持其接近正常体温。同时，用止血钳夹住创口两侧皮肤向四周扯开，以闭合腹腔露出胃肠便于观察。

(3)实验观察。

①胃肠的正常运动观察：术后首先观察一下正常时胃肠运动的形式和速度，特别是小肠各段的各种运动，以便与刺激后相比较。

②用感应电流刺激颈部一侧的迷走神经的离中枢端，观察胃肠运动有什么变化?

③用感应电流刺激内脏大神经，观察胃肠运动有什么变化?

④以镊子轻夹胃肠的任何一处，观察胃肠运动有什么变化?

⑤以0.01％乙酰胆碱，滴加在胃肠表面数滴，观察胃肠运动有什么变化?

⑥然后用温生理盐水冲洗胃肠等器官，待胃肠运动恢复原来状态时，再向胃肠表面滴加0.01％肾上腺素数滴，观察胃肠运动有什么变化?

⑦切断内脏大神经，观察胃肠运动有什么变化?

实训十五　小肠吸收观察

一、教学目标

了解小肠吸收与肠内容物渗透压间的关系。

二、实训准备

兔、手术台、手术器械、10%水合氯醛、饱和硫酸镁溶液、0.7%氯化钠溶液、注射器、棉线绳等。

三、实训方法

教师指导，然后学生分组操作。

四、操作步骤

兔称重，用10%水合氯醛溶液按500 mg/kg体重由耳缘静脉注射，麻醉后，仰卧位固定于手术台上，剪去腹部被毛，沿腹中线切开皮肤暴露腹腔。

取出长约16 cm的一段空肠，在其中点处用棉线结扎，另在距中点前、后各8 cm处分别结扎，于是把空肠分为两段等长的肠腔，分别注入等量的饱和硫酸镁溶液与0.7%氯化钠溶液，注射完毕后将肠置入腹腔中闭合腹壁或用浸有温生理盐水的纱布覆盖。

30 min后检查前后两段小肠中各有什么变化？分析一下变化原因。

五、注意事项

结扎时应注意不要把血管扎上以免因妨碍血液循环而影响吸收，另外时刻注意用温生理盐水纱布覆盖外露部分，以免因温度降低而影响实验效果。

实训十六　尿的分泌观察

一、教学目标

了解一些生理因素对尿分泌的影响及其调节。

二、实训准备

兔、注射器、手术台、手术器械、膀胱套管、生理多用仪（或计滴器、电磁标、感应圈），保护电极、10%水合氯醛溶液、0.9%氯化钠溶液、20%葡萄糖溶液、0.1%肾上腺素、垂体后叶激素、烧杯。

三、实训方法

教师指导，然后学生分组操作。

四、操作步骤

(1)动物在实验前应给予足够的饮水(或多给予青绿多汁饲料)。

(2)麻醉:用10%水合氯醛溶液按500 mg/kg体重由耳缘静脉注射，麻醉后背位固定于手术台上。

(3)颈腹部剪毛，切开皮肤，找出迷走神经、颈动脉和内脏大神经，分别穿线备用，并在颈静脉或股静脉备以输液装置。

(4)尿液的收集可选用膀胱套管法或输尿管插管法。

①膀胱套管法。在耻骨联合前方找到膀胱，在其腹面正中作一荷包缝合，再在中心剪一小口，插入膀胱套管，收紧缝线，固定膀胱套管，并在膀胱套管及所连接的橡皮管和直套管内充满生理盐水，将直套管下端连于记滴器(对于雌性动物，为防止尿液经尿道流出影响实验结果，可在膀胱颈部结扎)。

②输尿管插管法。找到膀胱后，将其移出体外，再在膀胱底部找出两侧输尿管，在输尿管靠近膀胱处分离输尿管，用细线在其下打一松结，在结下方的输尿管上剪一小口，向肾脏方向插入一条适当大小的塑料管，并将松结抽紧以固定插管，另一端连至记滴器上以便记滴。

(5)项目观察。

①记录正常情况下每分钟尿分泌的滴数。可连续计数5～10 min，求其平均数并观察动态变化。

②静脉注射38℃的0.9%氯化钠溶液20 mL，记录每分钟尿分泌的滴数。

③静脉注射38℃的20%葡萄糖溶液10 mL，记录每分钟尿分泌的滴数。

④静脉注射0.1%肾上腺素0.5～1 mL后，记录每分钟尿分泌的滴数，注意观察注药初期和后期的尿滴数差异。

⑤切断右侧迷走神经，用保护电极以中等强度的电刺激连续刺激右侧迷走神经的离中端，观察每分钟尿分泌的滴数有无变化？

⑥刺激内脏大神经，每分钟尿分泌滴数又有什么变化？

⑦静脉注射垂体后叶素1～2 IU，记录每分钟尿分泌的滴数，并观察何时开始出现抗利尿作用。

⑧颈动脉放血约20 mL，尿量有何变化？

实训十七　蛙肾小球血流的观察

一、教学目标

了解肾小球的形态、结构及肾小球的血液循环情况。

二、实训准备

蛙或蟾蜍、显微镜、蛙板(带孔)、药棉、蛙针、眼科镊、剪刀、大头针等。

三、实训方法

教师指导,然后学生分组操作。

四、操作步骤

(1)调节显微镜光源和焦距。

(2)用蛙针充分破坏蛙的脑和脊髓,使蛙处于完全瘫痪状态,然后将其仰位放于带孔的蛙板上。从左侧(或右侧)偏离中线 1 cm 剖开腹腔并作横切(前面达腋下,后面到腿部),然后再沿脊柱剪去一块长方形腹壁的皮肤和肌肉,以棉球把内脏推向对侧。将蛙置于蛙板的圆孔上,蛙体遮住孔的 1/3~1/2,用眼科镊在腹壁细心地镊起与肾脏相连的薄膜(如果是雌蛙可将输卵管拉出,其内侧即与肾脏相连),用大头针将其固定在圆孔的周围(大头针应以 45°角插在圆孔边缘,以便放入接物镜),同时将蛙四肢也用大头针固定在蛙板上,以防止移动,用药棉将蛙板底部擦净,再用镊子将肾脏底面的薄膜去掉,然后将蛙板放于显微镜载物台上进行观察。

(3)低倍镜观察肾小球的形态,可见肾小球是圆形的毛细血管团,外面包有肾小囊,同时可见血液经入球小动脉流入肾小球,最后经出球小动脉流出的情况。

五、注意事项

(1)与蛙或蟾蜍的肾相连的有两层膜。与肾脏相连的称脏层,其延续部分折向腹壁叫壁层,应去掉(如果是雌蛙,壁膜则与输卵管相连,而后折向肾脏下面,所以应小心将其去掉,但千万注意不能将脏层的膜弄破)。

(2)选择小蛙(或蟾蜍)及雄性蛙(或蟾蜍)的效果较好。

(3)如果冬季天气较冷,实训前可将蛙或蟾蜍置于温水中(35℃)浸泡 0.5 h,促进其血液循环后再进行实验。

(4)蛙或蟾蜍肾脏的边缘有一大血管通过,到肾脏的前端时开始分叉,所以在肾脏前端才能观察到肾小球血流情况。

实训十八　家畜体温的测定(直肠测定法)

一、教学目标

熟悉家畜体温的测定方法,了解健康家畜的体温状况。

二、实训准备

家畜(马、牛、羊等)、水银体温计。

三、实训方法

教师指导，然后学生分组操作。

四、操作步骤

(1)对家畜进行保定，防止走动或伤人。

(2)将体温计中的水银柱甩至 35℃以下，并在外面涂以少量的润滑油。

(3)实验者站在动物的后肢左侧（马）或动物的正后方（牛），用左手提起尾根，右手持体温计旋转插入直肠中，并用铁夹固定体温计，3～5 min 后取出。

(4)读数，记录该动物的体温。

五、注意事项

(1)甩水银温度计时要防止碰到物体而将温度计损坏。

(2)家畜一定要保定好，操作过程中注意人员所站立的位置，以确保人员的安全。

实训十九　反射弧分析

一、教学目标

了解反射弧的组成并分析反射过程。

二、实训准备

蛙（或蟾蜍）、解剖器械、探针、铁架台、烧杯、滤纸片、纱布、1%可卡因、0.5% H_2SO_4 溶液和 1% H_2SO_4 溶液等。

三、实训方法

教师指导，然后学生分组操作。

四、操作步骤

(1)制备脊蛙。用左手拇指和食指，从蛙背侧捏住腹部脊柱，右手用剪刀伸入蛙口中，在鼓膜的后面（约在延髓与脊髓间）剪去头部，即为脊蛙（或脊蟾蜍）。用大头针制成弯钩，钩住下颌将蛙悬挂于铁架台上，待脊髓休克解除后进行实验。

(2)屈肌和伸肌反射。将蛙的左后腿浸入 0.5%H_2SO_4 溶液中，几秒钟后即可见有屈肌反射（蛙腿收缩）的出现，而未受硫酸刺激的右后肢则伸直。当反射出现后，迅速用清水将其后腿皮肤上的硫酸洗净。

(3)用剪刀在左后腿股部皮肤作一环形切口，再将下腿皮肤剥除。稍停片刻，再以 1% H_2SO_4 刺激，观察是否出现反射？

(4)在右侧后肢股部的背侧，沿坐骨神经的方向（即肌肉纵行方向）将皮肤作一切口，剥开肌肉，分离出坐骨神经（包括传入纤维、传出纤维），并在其下穿线备用。然后将蘸有1%可卡因的小棉球放在神经干上，约经0.5 min后，再以同样方法刺激，结果如何？如仍有反射出现，则以后每隔1 min刺激1次，直到不引起反应为止。

当反射消失时，迅速以浸有1% H_2SO_4 的小块滤纸贴于与该后肢同侧的躯干部的皮肤上，结果如何？

（5）破坏中枢。将滤纸片取下，用任氏液洗净，待反射恢复后，用探针将脊髓破坏，再刺激机体的任何部位，有何反应？

实训二十　脊髓反射活动观察

一、教学目标

观察脊髓反射的基本特征和兴奋在中枢神经系统内传导的基本特征。

二、实训准备

蛙（或蟾蜍）、解剖器械、探针、铁架台、秒表、生理多用仪、镊子、烧杯、滤纸片、纱布、1%可卡因、0.25% H_2SO_4 溶液、0.5% H_2SO_4 溶液和0.1% H_2SO_4 溶液等。

三、实训方法

教师指导，然后学生分组操作。

四、操作步骤

（1）制备脊蛙。自蛙的枕骨大孔插入探针或用剪刀从口角伸入，于枕骨大孔处剪断蛙头，制成脊蛙，然后用线穿过下颌（或用钩钩住），将蛙悬吊于铁架台上，准备实验。

（2）屈肌反射和伸肌反射（同反射弧分析）。

（3）搔扒反射。以蘸有0.5% H_2SO_4 溶液的小片滤纸贴于蛙的腹侧部（偏右），可见其同侧后肢抬起，向受刺激的部位搔扒，直到将硫酸滤纸扒掉。

（4）中枢兴奋传导的延搁——反射时的测定。分别用0.25% H_2SO_4 溶液、1% H_2SO_4 溶液刺激脚趾，测定反射时，每种浓度重复3次，求其平均值。每次侵入蛙趾的部位及深度应相同，以免因刺激强弱不同而影响实验效果。试比较刺激强度与反射时的关系。

（5）反射作用的抑制。先用小镊子夹住蛙大腿根部的皮肤，待蛙不活动后，再将后肢浸入0.25% H_2SO_4 溶液中，重复3次，求其平均值，并与前一实验相比较，是否有变化？

（6）中枢兴奋的扩散。用镊子轻夹蛙左趾时，仅左趾动；加强力量时两后肢都动；力量更强时，全身都动。

（7）刺激的综合。用单位感应电流刺激蛙后肢，找出阈下刺激强度，然后用同样强度电流，连续快速地多次刺激蛙后肢，观察变化情况。

（8）中枢兴奋的后作用。当蛙后肢受到电刺激后，则引起反射动作，观察当刺激停止时，反射作用是否立即停止。

五、注意事项

(1)当用酸刺激出现反射反应后，应立即用水将酸洗除，以免损伤皮肤，影响实验结果。

(2)在每次刺激之间，应间隔 3～5 min，以防止互相影响。

实训二十一　胰岛素、肾上腺素对血糖的影响

一、教学目标

了解胰岛素、肾上腺素对血糖的影响。

二、实训准备

兔、胰岛素、0.1%肾上腺素、20%葡萄糖、注射器、恒温水浴槽等。

三、实训方法

教师指导，然后学生分组操作。

四、操作步骤

(1)取已饥饿 24～36 h(1～2 d)的兔两只，按每千克体重耳静脉注射胰岛素 10～20 IU(或皮下注射 20～30 IU)，观察兔的变化(有无不安、呼吸局促、痉挛、甚至休克现象的发生)。

(2)约 2 h 待兔低血糖症状出现后，给甲兔及时耳静脉注射 20%葡萄糖 20 mL，给乙兔及时皮下注射 0.1%肾上腺素(按每 0.4 mL/kg 体重)，仔细观察动物表现，记录结果。

参考文献

[1]张庆茹．动物生理．北京:中国农业出版社,2010.
[2]钟国隆．生理学．北京:人民卫生出版社,2000.
[3]范作良．家畜生理学．北京:中国农业出版社,2001.
[4]韩正康,刘敏雄．家畜生理学．北京:中国农业出版社,2001.
[5]南京农业大学．家畜生理学.4 版．北京:中国农业出版社,2001.
[6]张书霞．兽医病理生理学．北京农业出版社,2011.
[7]杨秀平．动物生理学．北京:高等教育出版社,2002.
[8]孙镇平．简明动物生理学．北京:中国农业出版社,2005.
[9]陈杰．家畜生理学.4 版．北京:中国农业出版社,2003.
[10]姚泰．生理学.5 版．北京:人民卫生出版社,2001.
[11]许玉德．动物生理学引论．厦门:厦门大学出版社,2000.
[12]张玉生．动物生理学．吉林:吉林人民出版社,2000.
[13]王玢,左明雪．人体及动物生理学．北京:高等教育出版社,2001.
[14]霍军,曲强．宠物解剖生理．北京:化学工业出版社,2011.
[15]陈守良．动物生理学.2 版．北京:北京大学出版社,1996.
[16]吴博威．生理学．北京:人民卫生出版社,2001.
[17]朱文玉．医学生理学．北京:北京大学医学出版社,2003.
[18]Susan P. porterfield. Endocrine physiology (second edition). Health Science Asia Elsevien Science,2002.
[20]杨秀平．动物生理学实验指导．北京:高等教育出版社,2004.
[21]孙镇平．精编家畜生理学．北京:中国农业大学出版社,1997.